U0350673

西餐厨师入职快训

上海市现代职业技术学校　组织编写

上海科技教育出版社

图书在版编目（CIP）数据

西餐厨师入职快训/上海市现代职业技术学校组织编写.—上海：上海科技教育出版社，2018.7

ISBN 978-7-5428-6705-6

Ⅰ.①西…　Ⅱ.①上…　Ⅲ.①西式菜肴—烹饪　Ⅳ.①TS972.118

中国版本图书馆CIP数据核字（2018）第120407号

责任编辑　王克平
装帧设计　杨　静

西餐厨师入职快训
上海市现代职业技术学校　组织编写

出版发行　上海科技教育出版社有限公司
　　　　　　（上海市柳州路218号　邮政编码200235）
网　　址　www.sste.com　www.ewen.co
经　　销　各地新华书店
印　　刷　上海昌鑫龙印务有限公司
开　　本　787×1092　1/16
印　　张　10.5
版　　次　2018年7月第1版
印　　次　2018年7月第1次印刷
书　　号　ISBN 978-7-5428-6705-6/G·3831
定　　价　65.00元

目录

1 实务篇

实训篇

I 实务篇

第一讲　了解西餐厨房的作业规范

一、作业场所

（一）西餐厨房的布局原则

对新入行的西餐厨师来说，要做好今后的厨房工作，首先必须了解西餐厨房的整体布局。西餐厨房布局设计必须满足如下 6 点基本要求。如果厨房设计不到位，建议您或者争取改建或者尽早改换门庭……因为您不可能在一个不适当的工作环境下取得长足的发展。

1）西餐厨房的布局设计通常都能够满足既定菜式的需要。

2）西餐厨房严格掌握"生熟分开，洁污分流"的原则，确保厨房饮食卫生。

3）西餐厨房生产加工流程简短顺畅，没有迂回交叉，输送流程的路径分明。

4）西餐厨房各功能区域清晰，既相互独立又相互沟通，便于厨师各司其职，分工合作。

5）西餐厨房有合理的操作人员走动空间，便于厨师作业，视野开阔，方便管理。

6）西餐厨房都设置有良好的排烟系统，确保空气流通、无闷热感觉，使厨师有一个舒适的工作环境。

（二）人员与物品的通畅性

西餐厨房是厨师和服务员工作和往来的主要场地，也是整个工作流程中人员和货物最多的场所之一。从食材的购入到最终菜肴的盛盘入桌都在西餐厨房内完成。所以西餐厨房的作业规范注重整个过程的通畅性，包括人员流通的顺畅性，物品搬运的通畅性。

西餐厨房作业基于人流量大的特点，一般将食材（含调味品等）区（图Ⅰ.1.1.1）和灶台（见图Ⅰ.1.1.2）分开设置，防止厨房工作人员之间的摩擦，保证整体工作效率，也为餐厅厨房确保卫生健康提供了必要的条件。

图Ⅰ.1.1.1 西餐厨房的食材（含调味品等）区

图Ⅰ.1.1.2 西餐厨房的灶台

（三）冷菜间（冷菜厨房）

冷菜间是冷菜成品切配装盆的场所。冷菜的制作遵循"专人、专室、专用工具、专冷藏"的制度，在其入口处设有洗手消毒设施的预进间（图Ⅰ.1.1.3）；冷菜间内装置独立的空调设施，保持室内空气洁净度；并设置紫外光杀菌灯，水源供给管采用铜管连接，供应可生饮用的水源。为防止蚊蝇孳生，冷菜间内排水系统不设置明沟，地面保持清洁干净。冷菜间可用铝合金玻璃窗隔断进行分隔，通过窗户传菜（图Ⅰ.1.1.4）。冷菜间的适宜温度应在24℃以下。

图Ⅰ.1.1.3 冷菜间的预进间　　　　　　　　　图Ⅰ.1.1.4 冷菜间

（四）洗碗间

洗碗间的设置都符合洁污分流的原则，使餐厅或加工间用过的餐具可以方便地送至该洗碗间进行清洁处理并送回待用。另外，洗碗间一般设置在便于存、运废弃物和污染物等垃圾的位置上。在洗涤消毒的过程中，一方面有用过的餐具进入，另一方面，又有洁净餐具送出。所以其洁、污路线分流明确，无迂回交叉（图Ⅰ.1.1.5）。

图Ⅰ.1.1.5 洗碗间

（五）粗加工间与操作间

粗加工间是将水果、蔬菜、水产、禽、肉类等食材加工成初步半成品的场所（图Ⅰ.1.1.6）。粗加工间内的工作程序是从污到洁的过程，所以特别注意洁污分隔和避免加工后的洁污倒流。工作过程中产生的大量废弃物等垃圾的运送路线不能与洁净物流线混淆。因水产品及禽类易被细菌感染，所以其粗加工是与蔬菜类粗加工分隔开的，即设置荤食品加工间与蔬食品加工间。

操作间是将经过粗加工的各种副食食材，分别按照菜肴或冷荤需要进行称量、洗、切、配菜过程，成为待进一步加工的生食半成品，再继续送往热灶间加工为成品（图Ⅰ.1.1.7）。

粗加工间与操作间独立分间设置。从食材至成品的生产流线简短顺畅，无迂回交叉。粗加工间与操作间是排水量较多的地方，采用明沟排水，便于清洁与疏通。排带有油腻的水，一般与其他排水系统分别设置，并安装隔油设施。操作间的适宜温度应在26℃以下。

图Ⅰ.1.1.6 粗加工间

图Ⅰ.1.1.7 操作间

二、生产流程

　　尽管西餐菜点品种繁多，且每样菜点的出品都需要经过很多的烹调工序，但总体来说是大同小异的。从大的方面看，菜点的烹制工艺流程按顺序包括如下几个阶段：（1）食材的选择阶段；（2）对食材进行预制加工阶段；（3）对加工成形的食材进行组配阶段；（4）加热烹调阶段；（5）成品菜点装盘出品阶段（图Ⅰ.1.2.1）。

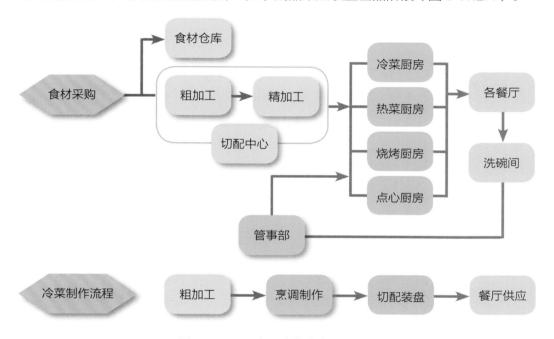

图Ⅰ.1.2.1 西餐厨房的生产流程

三、 人员配备

　　西餐厨房人员的配备主要包括两层含义：一是满足生产需要的西餐厨房所有员工人数的确定；二是人员的分工定岗和合理安排。不同规模、不同档次、不同规格要求的西餐厨房对员工的配备要求是不一样的。

　　西餐厨房人员数量确定的具体方法有按比例、按工作量、按岗位确定等，但一般都按照就餐餐位来确定。国际通用标准是30～50个餐位配备一名厨房人员，国内通用标准是 15 ~ 20 个餐位配备一名厨房人员，对一些高档、特色西餐厅，也有七八个餐位配备一名厨房人员的。这些是由各餐馆（餐厅）根据实际情况灵活掌握的。

四、 安全知识

（一）燃气管道、阀门安全

西餐厨房内的燃气管道（图Ⅰ.1.4.1）、阀门（图Ⅰ.1.4.2）必须定期检查，防止泄漏。如发现燃气燃油管道泄漏，首先应关闭阀门，及时通风，并严禁使用任何明火和启动电源开关。油烟管道至少应每半年清洗一次。每日收市前，操作人员应及时关闭所有的燃气阀门，切断气源、火源后方可离开。

图Ⅰ.1.4.1 西餐厨房内的燃气管道

图Ⅰ.1.4.2 西餐厨房内的燃气阀门

（二）气瓶安全

西餐厨房中的气瓶是集中管理的，距灯具或明火等高温源须保持足够的距离，以防高温烤爆气瓶，引起可燃气体泄漏，造成火灾。

（三）灶具安全

西餐厨房内使用的各种灶具，都应是经国家质量检测部门检验合格的产品。厨房中的灶具须安装在不燃材料上，与可燃物有足够的间距，以防烤燃可燃物。厨房灶具须旁的墙壁、抽油烟罩等容易污染处应天天清洗。厨房员工要按照操作程序操作灶具等器材。

（四）油锅安全

油炸食品时，锅里的油不应超过油锅容量的三分之二，防止水滴和杂物掉入油锅使食用油溢出着火。与此同时，油锅加热时应先采用文火，严防火势过猛、油温过高造成油锅起火。

（五）厨房电器安全

西餐厨房内的电器线路是严格按国家技术规范铺设的。电器线路采用绝缘导线，外套硬 PVC 塑料管或钢管进行明、暗铺设。管口及管与管、管与其他附件相连时，都采取相应的防火措施，或采用瓷瓶明线铺设，也可以铅皮线、塑料护套线明线铺设。

西餐厨房内使用的电器开关、插座等电器设备，通常是封闭式的，以防止渗水。这些设备一般安装在远离燃气、液化气灶具的地方，以免开启时产生火花，引起外泄的燃气和液化气燃烧。

厨房内运行的各种电器设备均不得超负荷用电，应严格按规定进行操作，使用过程中应防止设备和线路受潮，严防事故的发生。

（六）消防安全

西餐厨房内配备有灭火毯（图Ⅰ.1.4.3），用来扑灭各类油锅火灾；另外，还配置有一定量的干粉灭火器，放置在明显部位，以备紧急时使用；每日收市前通知保安部做好防火安全检查。厨房的消防安全责任人一般由厨师长担任。

图Ⅰ.1.4.3 西餐厨房中的灭火毯

五、卫生要求

西餐厨房作为直接与食物相接触的场所，其卫生条件不容忽视，无论是小型餐厅还是星级饭店对西餐厨房作业环境的最基本要求就是卫生条件。西餐厨房规定将每一个区域进行划分，每个区域完成每一道工序，并且每一个区域由特定人员进行卫生处理，既保证餐厅厨房工作人员的卫生条件，也保证消费者的身体健康，最终为餐厅赢得良好的口碑。

（一）环境卫生

西餐厨房的标牌无灰尘、无污迹；门窗玻璃明亮、无灰尘；天花板和墙面无灰尘、无污迹、无蜘蛛网；地面无污迹、无异味、干净光亮、无杂物；灯具无灰尘、无污迹；厨房内空气清新无异味，同时设有防"四害"装置（图Ⅰ.1.5.1）。

图Ⅰ.1.5.1 西餐厨房的整体环境

（二）作业场所卫生

灶具、传菜台内外清洁，调味缸放置整齐（图Ⅰ.1.5.2）；冰箱冷库的外表整洁、下无渍水、上无油垢；蒸箱内外清洁，上无杂物和油垢；走道明亮清洁、无杂物；原料仓库堆放整齐、物品不靠墙、不着地、无蜘蛛网；油烟道外墙无油垢；厨房工具用具清洁、放置整齐，刀不生锈，木见本色；下水道无堵塞、无油污，保持畅通无阻。

图Ⅰ.1.5.2 西餐厨房的传菜台

（三）设备与工具卫生

厨房生产设备与工具的卫生，主要是指加热设备、制冷设备和冷藏设备与工具的卫生。对各种设备、工具进行必要的卫生管理，不仅可以保持设备与工具的清洁，便于操作，而且可以延长设备、工具使用寿命，减少维修和能源消耗，保证食品的卫生。

1. 油炸锅的卫生

油炸锅所用的油多半是反复使用的，因此，必须做到一定时间把炸锅用油过滤一遍，除去油中残渣。如果厨房制作的油炸菜点过多，就必须及时换油和清洗油锅。油炸锅在不用时，应将锅盖盖严。

2. 烤盘的卫生

用于制作牛排或汉堡包的烤盘，是用燃气或电力加热的。每次烤完食品，应清除盘中的残存食物渣屑，并在营业后及时清洗干净。具体办法是，将受热烤盘的表面用合成洗涤剂清洗，洗净后，把烤盘表面揩干。

3. 烤箱的卫生

对烤箱中所有散落的食品渣，都应在烤箱晾凉后扫净。遗留在炉膛内的残渣，可以用小刷清扫，然后用浸透合成洗涤剂溶液的抹布擦洗。千万不可将水泼到开关板上，也不能用含碱的液体洗刷内膛和外部，以免损害镀膜和烤漆。烤箱的喷嘴应每月清洁一次，其控制开关则应定期校正。

4. 炉灶的卫生

保持炉灶卫生的关键，是及时清除所有溢出、溅在灶台上的残渣。灶面和灶台应每天擦干净。每月应用铁丝疏通一次燃气喷嘴。

5. 蒸箱、蒸锅的卫生

蒸箱、蒸锅每次用后都应将残渣除去。如果有食物残渣糊在笼屉里面，应先用水浸湿，然后用软刷子刷除。其筛网也应每天清洗，有泄水阀的应打开清洗。

6. 搅拌机的卫生

搅拌机每天使用之后，应用含有合成洗涤剂的热水溶液擦洗，再用清水冲洗，擦干。洗碗机和搅拌机可在原处清洗。搅拌机上有润滑油的可拆卸部件，每月应彻底清洗一遍。

7. 开罐器的卫生

开罐器必须每天进行清洗。清洗时，把刀片上遗留的食物和原料清除干净。刀片变钝以后，罐头上的金属碎屑容易掉入食物内，应加以注意。

（四）餐具消毒

1. 煮沸消毒法

先将碗筷等餐具用温水洗净，再用清水冲干净后用筐装好，煮沸 15 ~ 30 分钟，将筐提起，将碗放在清洁的碗柜里保存备用。

2. 蒸汽消毒法

将洗涤洁净的餐具置入蒸汽柜或箱中，使温度升到 100℃时，消毒 5 ~ 10 分钟。

3. 消毒柜消毒

目前的消毒柜一般都兼具高温消毒和臭氧消毒的双重功能。前者利用远红外加热的特点，物体能充分吸收热能，加热效率高，能在短时间内达到杀菌效果，适合搪瓷、不锈钢、瓷器等。后者的特点是采用高压放电或紫外线将空气中的氧分子电离成臭氧分子，再利用臭氧的氧化作用达到杀菌效果，适合塑料、玻璃器皿等。

4. 化学消毒

化学消毒必须采用经卫生行政部门批准的餐具消毒剂，切勿使用非餐具消毒剂进行餐具消毒。使用餐具消毒剂进行消毒的浓度，必须达到该产品说明书规定的浓度。注意，将餐具置入消毒液中浸泡 10 ~ 15 分钟，餐具不能露出消毒液的液面。餐具消毒完毕后应使用流动水清除餐具表面上残留的消毒剂，去掉异味。

使用化学消毒，应随时更新消毒液，不可长时间反复使用。

餐具消毒后（无论采取哪种消毒法）都不要再用抹布去擦，以免再受污染。消毒的溶液要经常更换否则会影响消毒效果。

（五）储藏室卫生

储藏室实行专用并设有防鼠、防蝇、防潮、防霉、通风的设施及措施，保证运转正常；各类物品应分类、分架，隔墙隔地存放（图Ⅰ.1.5.3）；调味品须有明显标志，有异味或易吸潮的调味品应密封保存或分库存放，易腐调味品要及时冷藏、冷冻保存；建立储藏室进出库专人验收登记制度，做到勤进勤出，先进先出，定期清仓检查，防止调味品过期、变质、霉变、生虫，及时清理不符合卫生要求的物品；不同的物品应分开存放，调味品不得与药品、杂品等物品混放；储藏室应经常开窗通风，定期清扫，保持干燥和整洁；工作人员进入储藏室应穿戴整洁的工作衣帽。

图Ⅰ.1.5.3 西餐厨房的储藏室

（六）《食品安全法》的"五四制"

根据《食品安全法》及其实施条例的规定，餐饮酒店应遵守食品卫生法规与卫生管理制度。

1. 由烹饪原料到成品实行"四不制度"

采购员不买腐烂变质的食材；保管验收员不收腐烂变质的食材；加工人员（厨师）不用腐烂变质的食材；营业员（服务员）不卖腐烂变质的菜点食品。（零售单位不收进腐烂变质的菜点食品；不出售腐烂变质的菜点食品；不用手拿菜点食品；不用废纸、污物包装菜点食品。）

2. 菜点成品存放实行"四隔离"

生与熟隔离；菜点成品与半成品隔离；菜点成品、半成品与杂物、药物隔离；菜点成品与自然冰隔离。

3. 厨房用（食）具的"四过关"

一洗、二刷、三冲、四消毒。

4. 厨房环境卫生的"四定"

定人、定物、定时间、定质量，划片分工包干负责。

5. 厨师个人卫生的"四勤"

勤洗手剪指甲；勤洗澡理发；勤洗衣服被褥；勤换工作服。

所有厨房操作人员应统一穿戴整洁的白色工作衣、帽，不戴饰物、不涂指甲油、厨房内不吸烟。

第二讲 了解西餐厨房常用设备及工具

一、西餐烹调设备

（一）炉灶（Stove）

炉灶按其能源可分电灶（图Ⅰ.2.1.1）和燃气灶（图Ⅰ.2.1.2）两种，按其灶面则可分为明火灶和平顶灶两种（图Ⅰ.2.1.3）。

1. 明火灶

优点：加热速度快，用后容易关掉。

缺点：每个燃烧口一次只能使用一个锅，烹调量有限。

图Ⅰ.2.1.1 电灶

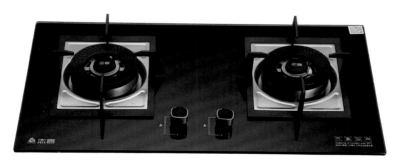

图Ⅰ.2.1.2 燃气灶

图Ⅰ.2.1.3 兼具明火灶和平顶灶的灶面

2. 平顶灶

燃烧口处用钢板覆盖，一次可支持多个锅，烹调量大且可支撑重物。

（二）烤箱（Oven）

烤箱，从其热能来源上可分为燃气烤箱和远红外电烤箱；从其烘烤原理上可分为对流式烤箱、辐射式烤箱及多功能蒸烤箱。

1. 对流式烤箱

这种烤箱内装有风扇以利于烤箱内空气对流和热量传递，因此食物加热速度快，比较节省空间和能量。

2. 辐射式烤箱

工作原理是通过电能的红外线辐射产生热能，同时还有烤箱内热空气的对流等供热。其结构主要由烤箱外壳、电热元件、控制开关、温度仪、定时器等构成。

3. 多功能蒸烤箱

这是一种比较新型的烤箱，既可以当作对流式烤箱，也可以当作蒸柜。当其作为烤箱可随时往烤箱内加入湿气，以减少食物的收缩和干化（图Ⅰ.2.1.4）。

图Ⅰ.2.1.4 多功能蒸烤箱

（三）微波炉（Microwave oven）

微波炉的工作原理是将电能转换成微波，通过高频电磁场对介质加热的原理，使原料分子剧烈振动，而产生高热。微波炉加热均匀，食物营养损失小，成品率高，但菜肴缺乏烘烤而产生的金黄色外壳，风味较差。

（四）铁扒炉（Griller）

铁扒炉又有煎灶（图Ⅰ.2.1.5）和扒炉（图Ⅰ.2.1.6）两种。

1. 煎灶

表面是一块1～2厘米厚的平整的铁扒，四周是滤油，热能来源主要有电和燃气两种。靠铁扒传导使食材受热，原料受热均匀，但使用前应提前预热。

图 Ⅰ .2.1.5 煎灶

2. 扒炉

结构同煎灶相仿，只是表面不是铁板，而是铁铸造的铁条，热能来源主要有燃气、电和木炭等，通过下面的辐射热和铁条的热传导，使食材受热。使用前也应提前预热。

图 Ⅰ .2.1.6 扒炉

（五）明火焗炉（Salamander）

明火焗炉又称面火焗炉，是一种立式扒炉，中间为炉膛，有铁架，一般可升降。热源在顶端，一般适用于食材的上色和表面加热。

（六）炸炉（Deep-fryer）

只有一种功能即在热油中炸食物。标准的炸炉（图Ⅰ.2.1.7）以电、燃气为能源加热，内有类似于恒温器的设施，调节温度使其保持在所需的温度上。

图Ⅰ.2.1.7 炸炉

（七）搅拌机（Mixer）

立式搅拌机（图Ⅰ.2.1.8）是面包店和厨房中重要的工具，用途广泛，可做各种食品的搅拌和食品加工工作。

图Ⅰ.2.1.8 立式搅拌机

（八）切片机（Slicer）

切片机（图 I .2.1.9）是一种非常有价值的工具，因为用切片机切削的食物厚度比用手工切削的更均匀，厚薄一致。切片机对于控制用量、减少损失很有价值。

图 I .2.1.9 切片机

（九）冰箱（Ice box）

冰箱按外观分有卧式和立式两种，按功能分有冷藏、冷冻和快速冷冻三种。可根据需要选择各种容积的冰箱，主要用于食物的保鲜与储藏。

二、西餐厨房锅具（表 I .2.2.1）

表 I .2.2.1 西餐厨房锅具

图　片	名　称	特　点	适 用 范 围
	汤锅 Stock pot	体积大，两边垂直的深锅。	可用来做高汤。

	沙司锅 Sauce pan	圆形中等深浅的锅，有柄，与汤锅相类似，略浅一些，更容易进行搅拌。	可用来做汤、沙司和其他液体食物。
	炖锅 Stew pan	圆形宽口两边垂直、重而浅的锅。	可用来给肉上色和炖煮。
	直边炒盘 Frying pan	两边垂直的炒盘，较重，因其上宽，面积大，水分蒸发快。	可用来炒、煎、给菜上色，还可用来制作沙司或其他液体食物。
	斜边炒盘 Frying pan	有柄，斜边使厨师不用铲即可抛、翻菜点，而且容易盛菜。	可用来炒或煎肉、鱼、蔬菜、蛋类食物。
	铸铁锅 Cast-iron pan	是底厚体重的煎盘。	用来煎制需要热量稳定均匀的食物。
	烤肉盘 Roast pan	更深更大更重的长方形盘。	可用来烤制肉、禽类。
	万用盘 （蒸汽台盘、服务盘） Service tray	用不锈钢制的长方形盘。	既可用来盛装食物，还可用来烤、蒸食物。

三、西餐厨房刀具（表 I .2.3.1）

表 I .2.3.1 西式厨房刀具

图　片	名　称	特　点	适用范围
	厨刀 （法刀） Chef's knife French knife	法刀是厨房中最常用的刀具，刀片长约 26 厘米，靠近刀柄部位宽，渐渐变窄，前端是尖形的。	最适宜日常使用，稍大的适宜于切片、块，小的适宜于做细加工。
	万用刀 （色拉刀） Salad knife	一种窄窄的尖刀，长 16~20 厘米。	多用于做冷菜，切蔬菜、水果等。
	水果刀 Fruit knife	水果刀是短小的尖刀，长 5~10 厘米。	可用来削切水果或蔬菜。
	剔骨刀 Boning knife	尖尖的薄片刀，长约 16 厘米。	可用来剔骨。
	切片刀 Microtome knife	有细长的刀片。	可用来切煮熟的肉片。
	屠刀 Butcher knife	比较宽重，刀前端微翘。	可用来切、分和修整鲜肉。
	砍刀 Chopping knife	刀片宽重。	用来砍骨头。

图片	名称	用途
	牡蛎刀 Oyster knife	又称开蚝刀，刀片坚硬短小，刀钝。	用来打开牡蛎壳。
	蛤刀 Clam knife	蛤刀刀片稍宽，坚硬、短小，稍微带点儿刃。	用来打开蛤的壳。
	磨刀棒 Sharpening steel	不是刀，但却是刀具中不可缺少的一种。	用来磨刀，保持刀刃锋利。

四、西餐厨房其他用具（表Ⅰ.2.4.1）

表Ⅰ.2.4.1 西式厨房其他用具

图　片	名　称	用　途
	砧板 Chopping board	砧板是刀具不可缺少的伙伴，有硬橡胶砧板、塑料砧板和木砧板三种。无论哪一种砧板，都会有细菌滋生，所以一定要保持砧板的清洁。
	汤勺 Ladle	汤勺一般用于液体的搅拌、测量和分份。
	撇渣勺 Scummer	撇渣勺为长柄小漏勺，主要用于撇取汤中的浮末和残渣。
	肉叉 Beef slicer	可用于拿取肉类食物。

	蛋抽 Whisk	由钢丝制成，在西餐中可用于抽打鸡蛋、奶油及制作沙司等。
	擦菜板 Grater	擦菜板利用食物与菜板互相摩擦，使食物成丝状、条状及末状。可用于切割蔬菜、奶酪等。
	过滤器 Cap strainer	是一种碗状的容器。容量比较大，在四周和底部都有孔，用于色拉、意大利面条等食物的过滤。
	笊篱 Strainer	是用金属丝制成的密网，用于汤、调味汁的过滤。
	肉槌 Meat pounder	用木料制成，用于拍打肉类原料，可使其质地松软，便于烹调。
	量杯 Glassful	具有各种大小类型，并在杯壁上标明容量。
	量勺 Measuring spoon	属于量器，用于方便测量调味料，如盐、糖、酒等。
	土豆压泥器 Potato clamp	有旋转式和挤压式两种，由不锈钢制成，主要用于将煮熟的土豆制成茸状。

第三讲 掌握西餐烹饪原料的加工要领 12 例

一、叶菜类蔬菜的初加工

叶菜类蔬菜的初步加工主要是摘剔和洗涤。其中摘剔主要是摘除不能食用的部分。新鲜蔬菜的洗涤，一般用冷水洗净即可，也可根据需要用盐水或高锰酸钾溶液洗涤。

叶菜类蔬菜质地脆嫩，操作中应避免碰损蔬菜组织，防止水分及其他营养素的损失，保证蔬菜质量。

（一）选择整理

采用摘、剥的方法去除叶菜类蔬菜的黄叶、老根、外帮、泥土及腐烂变质的部分（图Ⅰ.3.1.1）。

图Ⅰ.3.1.1 叶菜类蔬菜的选择整理　　　　图Ⅰ.3.1.2 叶菜类蔬菜的洗净

（二）洗净

用冷水洗涤，以去除叶菜类蔬菜未摘净的泥土、杂物等。洗后用手摸水底，感到无泥沙时，表明已洗净。夏秋季虫卵较多，可先用 2% 的盐水浸泡 5 分钟，使虫卵吸盐收缩，浮于水面，便于洗净（图Ⅰ.3.1.2）。

二、根茎类蔬菜的初加工

根茎类蔬菜是指以植物的根茎为食用部分的蔬菜，常用的有土豆、山药、莴苣、大葱、萝卜等。根茎类蔬菜的外皮一般都比较厚，纤维粗硬，不宜食用。根茎类蔬菜的初加工方法较为简单，即去皮后用清水洗净和浸泡。

（一）去除外皮及芽眼

采用削、刨、刮等方法来去除根茎类蔬菜的外皮和芽眼（图Ⅰ.3.2.1）。

（二）浸泡

必须注意，根茎类蔬菜大多含有一定量的鞣酸，去皮后鞣酸与空气直接接触容易氧化变色。所以在去皮后应立即放入水中浸泡，隔绝与空气的接触，以防变成锈斑色而影响食品的色泽（图Ⅰ.3.2.2）。

图Ⅰ.3.2.1 根茎类蔬菜的去皮、除芽眼

图Ⅰ.3.2.2 根茎类蔬菜去皮后的浸泡

三、瓜果类蔬菜的初加工

瓜果类蔬菜需要先经过挑选整理，去除腐烂、压碎、变质等不可食用的部分，并酌情去皮或去籽，再用清水洗净。瓜果类蔬菜的初加工包括拣选、清洗、去皮、去核、

切分等工序。

瓜果类蔬菜的清洗一般通过物理方法和化学方法进行，物理方法有浸泡、鼓风、摩擦、搅动、喷淋、刷洗、振动等；化学方法用清洗剂、表面活性剂等。通常清洗可以由几种方法组合起来使用。

（一）去皮和去籽等

将瓜果类蔬菜去蒂、去皮、去籽、切分（图 I .3.3.1）。

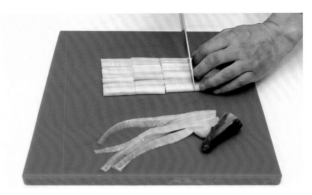

图 I .3.3.1 瓜果类蔬菜的去籽与切分

（二）浸泡与冲洗

将切分的瓜果类蔬菜用 0.3% 的氯亚明水或高锰酸钾溶液浸泡 5 分钟，再用清水冲净（图 I .3.3.2）。

图 I .3.3.2 瓜果类蔬菜切分后的浸泡

四、花菜类蔬菜的初加工

以植物的花部作为食用部分的蔬菜属于花菜类。这类蔬菜品种不多，常见的有花椰菜、青花菜、紫菜薹、芥蓝、朝鲜蓟等。

花菜类蔬菜常有残留的农药，还容易生菜虫，所以初加工的第一步，是将它放在盐水里浸泡几分钟，让菜虫跑出来，同时有效去除残留农药。

花菜类蔬菜的食材挑选，以花球严密健壮，无异色、斑疤，无病虫害为准。

用刀修除菜叶时，应同时削除其外表少数霉点和异色部分。

盐水溶液浸泡的时长为 10 ~ 15 分钟，以驱净小虫为准则。时间不宜过长，以免丧失和破坏其防癌抗癌的营养成分。

（一）整理

去除花菜类蔬菜上的茎叶，削去其花蕾上的疵点（图 I.3.4.1）。

（二）洗涤与浸泡

用 2% 的盐水浸泡花菜类蔬菜（图 I.3.4.2），使其内部留有的菜虫或虫卵萎缩掉落水中，再用清水洗净。

（三）切分

切分时，先从茎部切下大花球，再切小花球，按制品标准仔细进行，勿损害别的小花球，茎部切削要平整。小花球直径 3 ~ 5 厘米，茎长在 2 厘米以内（图 I.3.4.3）。

图 I.3.4.1 花菜类蔬菜的整理

图 I.3.4.2 花菜类蔬菜的浸泡

图Ⅰ.3.4.3 花菜类蔬菜的切分

五、豆类蔬菜的初加工

豆类蔬菜种类繁多、分布面积亦广,其营养价值高,主要含植物蛋白多,也含脂肪、钙、多种维生素,所以是人们较为喜爱的一类蔬菜。不仅可煮食,也可罐藏,做脱水菜等。成熟种子也可加工,所以用途广。豆类蔬菜较常见的有刀豆、豇豆、荷兰豆、豌豆等。

豆类蔬菜如果荚果均可食用的,则其初加工过程为:去蒂和顶尖——去侧筋——清洗;豆类蔬菜如果仅食其种子的,则其初加工过程为:剥去外壳——取出籽粒——清洗。

(一)豆荚的整理

荷兰豆、四季豆等是以豆及豆荚为可食用部分的。初加工一般掐去蒂与顶尖,撕去侧筋,然后用清水洗净即可(图Ⅰ.3.5.1)。

图Ⅰ.3.5.1 豆类蔬菜的豆荚的整理

（二）豆的整理

豌豆以豆为可食用部分，初加工须剥去豆荚，将豆洗净即可（图 I .3.5.2）。

图 I .3.5.2 豆类蔬菜的豆的整理

六、牛前腰脊肉的切割

牛前腰脊肉（steak ready strip loin）是肋骨第 13 根至腰脊第 5 根间带侧唇的肋骨腰里脊肉，肋骨端与腰骨端的唇长均为 25 毫米。前腰脊肉的里脊肉眼上部与覆盖的背脂肪间有较厚的背板筋。里脊肉眼的肉质均一柔嫩，富含脂肪纹路，色泽明亮，且脂肪与瘦肉的平衡度良好（图 I .3.6.1）。

图 I .3.6.1 牛前腰脊肉原料肉

（一）整形

整形，使其背部脂肪的厚度为 12 ~ 13 毫米。

（二）去肌膜与软骨

去除附着于上的肋骨肌膜与软骨。

（三）去板筋与再整形

先去除背板筋，接着整形背脂肪至 7 毫米厚。

（四）切分

按厚度的不同切出厚切牛排（即纽约客牛排，25 ~ 30 毫米，图Ⅰ.3.6.2）、一般牛排（即骰子牛排，15 ~ 20 毫米，图Ⅰ.3.6.3）、薄片牛排（即迷你牛排，10 ~ 12 毫米，图Ⅰ.3.6.4）、极薄片牛排（即照烧牛排，7 ~ 8 毫米，图Ⅰ.3.6.5）。

图Ⅰ.3.6.2 纽约客牛排

图Ⅰ.3.6.3 骰子牛排

图Ⅰ.3.6.4 迷你牛排

图Ⅰ.3.6.5 照烧牛排

七、梅花肉的切割

梅花肉（pork butt）从整块肩肉的上部切得，其肉质爽滑，大理石油花丰富、分布均匀（图 I .3.7.1）。

其切割要点为：（1）切割前应置于冰箱冷藏室长时间低温解冻。不能在较高的室温下解冻，因为温差太大会造成外软内硬，不易加工，且影响品质；（2）肉排、烧肉片、肉角、肉丝等成品的切割必须等食材完全解冻后再行处理，否则切割时会有血水渗出，影响操作；（3）切割肉丝时要注意逆丝切。

图 I .3.7.1 梅花肉

（一）切梅花肉排

按逆丝方向将整块梅花肉以 10 ～ 15 毫米的厚度切开，即成梅花肉排，如图 I .3.7.2。

图 I .3.7.2 加工后的梅花肉排

（二）切梅花肉块

按顺丝方向将整块梅花肉切成三等分的三块梅花肉条，再将梅花肉条按逆丝方向对切开即成梅花肉块，如图Ⅰ.3.7.3。

图Ⅰ.3.7.3 加工后的梅花肉块

（三）切梅花肉角

将上述梅花肉条切成边长10～15毫米的小方块，即成梅花肉角，如图Ⅰ.3.7.4。

（四）切梅花肉烧肉片

将上述梅花肉条按逆丝方向以5毫米厚度切片，即成梅花肉烧肉片，如图Ⅰ.3.7.5。

图Ⅰ.3.7.4 加工后的梅花肉角

图Ⅰ.3.7.5 加工后的梅花肉烧肉片

（五）切梅花肉烤肉片、火锅片

将整块梅花肉按逆丝方向以5毫米厚度切片，即成梅花肉烤肉片，如图 I .3.7.6；以 2 毫米 厚度切片，即成梅花肉火锅片，如图 I .3.7.7。

图 I .3.7.6 加工后的梅花肉烤肉片　　　　图 I .3.7.7 加工后的梅花肉火锅片

八、羊肋脊肉的切割

羊肋脊肉系列产品从切除肩胛肉、胸前肉、前腱肉和颈部肉的羊屠体前部而得。肋脊肉和肩胛肉是从第 4 和第 5 根肋骨及第 5 和第 6 根肋骨间断开的。它的主要次分切肉有羊肋脊肉双边大分切（图 I .3.8.1）、羊肋脊肉单边分切、羊肋脊肉法式修切和肋眼肉条。

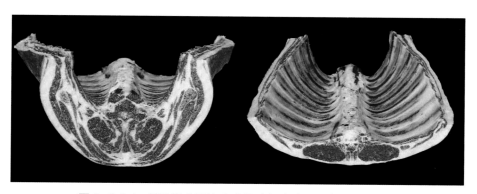

图 I .3.8.1　羊肋脊肉双边大分切（包含肋骨和部分肩胛骨）

（一）羊肋脊肉单边分切

将羊肋脊肉双边大分切对半切开即得羊肋脊肉单边分切，去除脊椎骨、羽状骨、肩胛骨和附着的软骨、皮层膜等，如图Ⅰ.3.8.2。

图Ⅰ.3.8.2　羊肋脊肉单边分切

（二）羊肋脊肉法式修切

去除羊肋脊肉单边分切上的肩胛骨、羽状骨、外表脂肪层、背大板筋和附着在肩胛骨上的盖肉，即得羊肋脊肉法式修切。另外，此部位下方的肋条肉应切除，直至露出肋骨，如图Ⅰ.3.8.3。

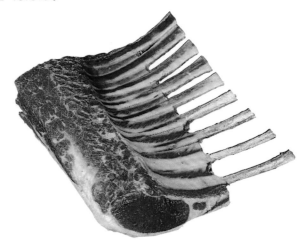

图Ⅰ.3.8.3　羊肋脊肉法式修切

（三）切羊肋眼肉条

切除羊肋脊肉上所有骨头、软骨和背大板筋，即得羊肋眼肉条。应该去除附着在肩胛骨上的肌肉，修切去多余的脂肪，使其外表仅包裹极薄的脂肪层，如图Ⅰ.3.8.4。

图 I .3.8.4 切羊肋眼肉条

（四）切羊肋脊肉排

按肋骨走向将羊肋脊肉法式修切成品分切成块，如图 I .3.8.5。

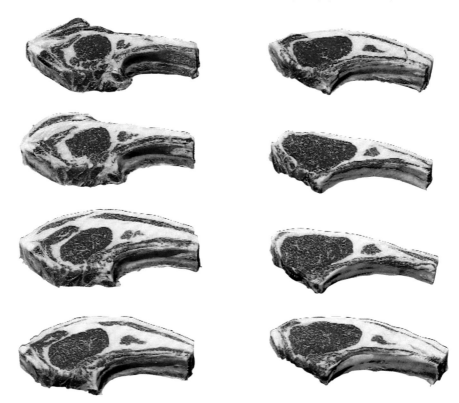

图 I .3.8.5 切羊肋脊肉排

九、整鸡取胸

鸡胸肉（chicken breast）是禽体最厚、最大的一块整肉，肉质细嫩、香鲜，最宜加工成片、丝、丁、条、蓉等形状，用于炒、熘、煎、炸等烹调方法。胸脯可作冷菜、热菜、汤羹。胸脯肉里面紧贴胸骨的两侧各有一条肌肉，也称里脊肉，是禽体全身最嫩的肉。光鸡原料如图Ⅰ.3.9.1所示。

图Ⅰ.3.9.1 光鸡原料

（一）整形

光鸡洗净，去头、翅尖、翅中、鸡爪，留翅根与鸡胸相连，如图Ⅰ.3.9.2。

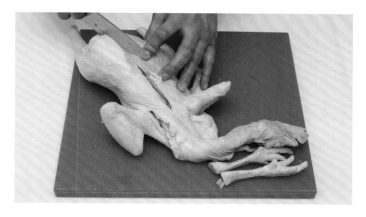

图Ⅰ.3.9.2 光鸡整形

（二）分离

鸡腹切开，将鸡翅根连鸡胸肉撕离鸡身，如图 I .3.9.3。

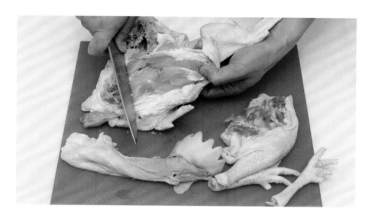

图 I .3.9.3 鸡胸分离

（三）修清

将翅根上的皮、肉去净，得鸡里脊肉两块、鸡胸肉两块（带皮、带翅根），如图 I .3.9.4。

图 I .3.9.4 鸡胸修清

十、三文鱼切片

三文鱼（salmon）是西餐中最常见的鱼类之一，营养价值高。三文鱼往往切成片来吃。

新鲜的三文鱼具备一层完整无损、带有鲜银色的鱼鳞，透亮有光泽；鱼皮黑白分明，无瘀伤。眼睛清亮，瞳孔颜色很深而且闪亮；鱼鳃色泽鲜红，鳃部有红色黏液；鱼肉呈鲜艳的橙红色。用手指轻轻地按压三文鱼，鱼肉不紧实，压下去不能马上恢复原状的三文鱼，就是不新鲜的表现。带皮三文鱼块原料如图Ⅰ.3.10.1 所示。

买回来的三文鱼切成块，用保鲜膜封好，再放入冰箱。如果是 −20℃速冻可以保存 1 ~ 2 个月；−10℃保存的时间较短，应尽快食用。

图Ⅰ.3.10.1　带皮三文鱼块原料

（一）冰镇

新鲜的三文鱼块原料，放置在冰箱的冷藏室 30 分钟，稍微"镇"一下，这样吃起来口感会更好。同时，也省去了冻制冰块的麻烦。

（二）去皮

将砧板和刀用医用酒精或白酒烧一下，消毒。将三文鱼从冰箱取出，放置砧板上，用刀将三文鱼鱼皮去除，鱼皮丢弃，如图Ⅰ.3.10.2。

（三）拔刺

用手顺着去皮后的三文鱼的竖断面轻轻抚摸，如果有鱼刺的存留你会轻易地就感觉到，这时你需要用镊子或小剪刀，将鱼刺轻轻拔出，如图Ⅰ.3.10.3。

图Ⅰ.3.10.2　三文鱼块去皮

图Ⅰ.3.10.3　三文鱼块拔刺

（四）切片

　　将三文鱼顶刀，直刀逆纹路切片，厚度一般为 4 毫米，切到鱼腩部位鱼肉变薄处改斜刀切即可，如图Ⅰ.3.10.4。

图Ⅰ.3.10.4　三文鱼块切片

十一、鱿鱼切圈

　　鱿鱼（squid）拥有丰富的营养价值，富含蛋白质、钙、牛磺酸、磷、维生素 B_1 等多种为人类所需要的营养成分。炸鱿鱼圈是西餐海鲜类的一款小零食，做法简单，方便，味道鲜美可口，世界各地的美食大全都不会放过这道百尝不厌的美味。鱿鱼原料如图Ⅰ.3.11.1 所示。

图 I .3.11.1 鱿鱼原料

（一）浸泡

先在水里放些白醋，然后把鲜鱿鱼在水中泡 10 分钟，之后取出鱿鱼。

（二）整理

攥住鲜鱿鱼的须脚，将鱿鱼的内脏用力拉出（鱿鱼的内腔内壁上还有 1 条透明的软骨，需要一并取出），再用手撕掉表面的薄膜外皮，并用流动水冲洗干净，如图 I .3.11.2。

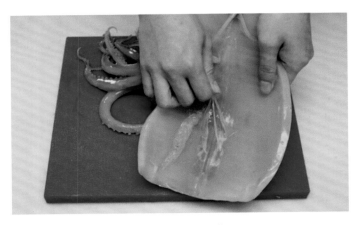

图 I .3.11.2 鱿鱼整理

（三）切割

鱿鱼爪和鱿鱼头部分去掉另作处理，剩下的鱿鱼身子平放在菜板上，然后用刀横切成段，因为鱿鱼本身就是锥形的，所以顺着鱿鱼身子的开口切，将鱿鱼切成 1 厘米宽的鱿鱼圈，直至末端，如图Ⅰ.3.11.3。

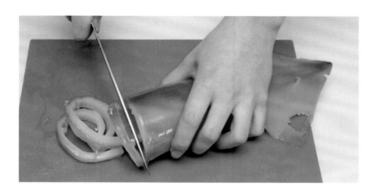

图Ⅰ.3.11.3 鱿鱼切圈

十二、大虾去虾线

大虾（prawn）属节肢动物甲壳类，种类很多。包括青虾、河虾、草虾、小龙虾、对虾（南美白对虾、南美蓝对虾）、明虾、基围虾、琵琶虾、龙虾等。大虾的西餐做法有好多种，一般偏向于甜香味，可以加芝士和迷迭香、蒜蓉等佐料，也可以入烘箱烘烤。大虾食材如图Ⅰ.3.12.1 所示。

图Ⅰ.3.12.1 大虾食材

（一）清洗

大虾冲洗后，用一个大盆盛满清水，用手抓住大虾的尾部，用刷子把大虾的腹部和头部刷干净。

（二）整理

剪去大虾头部的虾螯、虾须，如图Ⅰ.3.12.2。

（三）扯线

用尖刀或牙签穿入虾头下虾身的第二节处，扯出虾线的一半，再轻轻扯出另一半（有时两半会一起出来），如图Ⅰ.3.12.3。

（四）冲洗

将牙签穿在虾头上的硬壳处，用水冲洗去杂质。

图Ⅰ.3.12.2 大虾整理　　　　　　　　图Ⅰ.3.12.3 大虾扯线

实训篇

第一讲 西式汤菜与沙司制作 11 例

一、汤菜

（一）奶油蘑菇汤

1. 食材（图 II 1.1.1）

（1）**主料：**蘑菇 150 克、洋葱 20 克。

（2）**辅料：**油面酱 20 克、蒜泥 10 克、鸡基础汤 200 毫升、牛奶 100 毫升、奶油 50 毫升、白葡萄酒 20 毫升。

（3）**调料：**白胡椒粉 0.5 克、盐 1.5 克、芫荽末 0.5 克、黄油 20 克。

图 II 1.1.1 奶油蘑菇汤的食材

2. 食材准备（图Ⅱ 1.1.2）

（1）洋葱切去两头后，去除外皮，清洗干净切片。

（2）蘑菇洗干净后切片。

图Ⅱ 1.1.2 奶油蘑菇汤的食材准备

注意事项

★ 蘑菇在采摘过程中若不加以注意会附着较多泥沙。清洗过程中不能太用力，否则会使蘑菇表面破损，产生褐变。因此，较轻松的清洗方法是将其放在加入食盐的净水中浸泡，定时顺时针搅拌，这样泥沙可较容易地从蘑菇表面脱离。

★ 蘑菇应该在烹调前再进行切配，以防褐变。如果需要提前切配的，最好将切好的蘑菇片浸泡在有柠檬汁的清水中，但是这样做会导致蘑菇含水量增加，令蘑菇香味降低。

3. 制作（图Ⅱ 1.1.3）

（1）锅里放少许黄油，加入洋葱丝，炒香。

（2）加入蘑菇、蒜泥炒熟，喷入白葡萄酒。

（3）加入鸡基础汤，煮沸后略煮。

（4）加入牛奶，煮沸。

（5）将蘑菇汤稍冷却，放入粉碎机内打碎。

（6）打碎的蘑菇汤加入奶油，煮沸。

（7）用油面酱调节稠度。

（8）用盐、白胡椒调味即可。

图Ⅱ 1.1.3 奶油蘑菇汤的制作

◎ 注意事项

★ 在用黄油炒蘑菇的时候，温度不能过低，因为蘑菇本身含有水分，温度过低会使水分释出太多，导致锅中含水量太多。应该使蘑菇大面积受热，以高温收干蘑菇的水分，释放蘑菇的香气。

4. 装盘（图Ⅱ 1.1.4）

（1）准备一个干净的汤盘。

（2）汤汁用分餐勺盛入汤盘中。

（3）淋上奶油，撒上芫荽末点缀（也可用炸蘑菇片等）。

图 Ⅱ 1.1.4 奶油蘑菇汤的成品

5. 操作要点

粉碎原料的用时应该长一些，并且最后需要过滤，这样成品会更加细腻。清洗蘑菇时要注意防氧化，勿使成品颜色变深。

（二）意大利蔬菜汤

1. 食材（图 Ⅱ .1.1.5）

（1）**主料：**洋葱 10 克、西芹 10 克、土豆 10 克、番茄 15 克、绿节瓜 10 克、黄节瓜 15 克、胡萝卜 10 克、卷心菜 10 克。

（2）**辅料：**蒜泥 5 克、意大利面 5 克、芝士粉 2 克、番茄酱 2 克、罗勒 1 克、

图 Ⅱ .1.1.5 意大利蔬菜汤的食材

鸡基础汤 300 毫升。

（3）**调料：**盐 2 克、白胡椒粉 0.5 克、黄油 5 克。

2. 食材准备（图 Ⅱ.1.1.6）

（1）土豆、胡萝卜去皮切丁。

（2）节瓜、卷心菜、番茄、洋葱切丁。

（3）西芹去茎、洗净，切粒。

（4）意大利面条煮熟，切成 10 毫米的段。

图 Ⅱ.1.1.6 意大利蔬菜汤的食材准备

3. 制作（图 Ⅱ.1.1.7）

（1）锅中放黄油炒洋葱丁，再加入蒜泥炒香。

图 Ⅱ.1.1.7 意大利蔬菜汤的制作

（2）加入卷心菜丁、胡萝卜丁、节瓜丁、西芹丁翻炒。

（3）加番茄酱炒透。

（4）加入鸡基础汤煮至蔬菜半熟时，加入土豆丁、番茄丁，煮至蔬菜酥而不烂。

（5）用盐、白胡椒粉调味。

4. 装盘（图Ⅱ.1.1.8）

（1）准备一个干净的汤盘。

（2）将意大利面条段放入汤盘中。

（3）将汤汁及蔬菜丁用分餐勺盛入准备好的汤盘中，汤中香叶不要盛入汤盘中。

（4）放上罗勒，将芝士粉撒在汤面上。

图Ⅱ.1.1.8 意大利蔬菜汤的成品

（三）匈牙利牛肉汤

1. 食材（图Ⅱ.1.1.9）

（1）**主料：** 牛腿肉 100 克。

（2）**辅料：** 洋葱 15 克、红甜椒 15 克、青甜椒 15 克、黄甜椒 15 克、土豆 15 克、牛基础汤 300 毫升。

（3）**调料：** 盐 1.5 克、白胡椒粉 0.5 克、辣椒汁 0.5 克、红甜椒粉 20 克、美极酱油 0.5 克、红葡萄酒 30 毫升、精制油 20 毫升。

图Ⅱ.1.1.9 匈牙利牛肉汤的食材

2.食材准备（图Ⅱ.1.1.10）

（1）土豆洗净、去皮，切小粒（3毫米见方）。

（2）红甜椒、黄甜椒、青甜椒去皮去籽，切小粒。

（3）洋葱切去两头后，去除外皮，清洗干净后切小粒（3毫米见方）。

（4）牛肉洗净，切小粒加红甜椒粉拌匀。

图Ⅱ.1.1.10 匈牙利牛肉汤的食材准备

注意事项

★ 甜椒去皮，可使用两种方法：一种是将甜椒放在明火中烤至焦黑，冲洗后将皮去除，适用于须处理的甜椒量较少时；另一种是将甜椒放入烤箱中，烤至甜椒软塌，将皮去除，适用于须处理的甜椒量较多，时间充分时。

3. 制作（图Ⅱ.1.1.11）

（1）炒香洋葱丁。

（2）加入牛肉丁、红葡萄酒炒透。

（3）加入 3/4 彩椒粒和土豆丁略炒。另 1/4 彩椒粒焯水备用。

（4）加牛基础汤煮至牛肉酥。

（5）用粉碎机粉碎锅中的牛肉丁和其他食材。

（6）用辣椒汁、美极酱油、盐、白胡椒粉调味。

图Ⅱ.1.1.11 匈牙利牛肉汤的的制作

◎ 注意事项

★煮汤时必须注意汤与食材的比例，如果食材过多或汤太少，浓汤就会过稠，如果食材太少，那么汤就会太稀。

★辣椒汁不能加太多，否则会太辣。

4. 装盘（图Ⅱ.1.1.12）

（1）准备一个干净的汤盘。

（2）用分餐勺将汤汁盛入汤盘中。

（3）撒上焯水备用的彩椒丁。

图Ⅱ.1.1.12　匈牙利牛肉汤的成品

5. 操作要点

酱油放入的量太多，会导致汤色发黑。

汤如果有颗粒感是因为汤中的牛肉未煮得酥烂，或粉碎机粉碎得不够细腻导致的。所以，烹煮需要足够多的时间。

牛腿肉的质量和黑胡椒粒都可影响汤的颜色。如果汤色太浅，可以熬焦糖，加入焦糖色素。

汤中如有絮状物，是因煮汤时操作不当，如牛肉中的脂肪太多、火候过旺等都容易使汤色变浑。可使用更加细密的滤纸过滤，如果还不能去除，则需要在汤中加入蛋清，煮沸后加以去除。

（四）鸡肉清汤

1. 食材（图Ⅱ.1.1.13）

（1）**主料：** 鸡肉 200 克、鸡基础汤 2000 克。

（2）**辅料：** 鸡蛋 1 个、洋葱 20 克、芹菜 20 克、胡萝卜 20 克。

（3）**调料：** 白胡椒粉 2 克、盐 2 克、香叶 0.5 克。

图Ⅱ.1.1.13 鸡肉清汤的食材

2. 食材准备（图Ⅱ.1.1.14）

（1）鸡肉洗净，去净肉中的脂肪、筋膜等，绞成鸡肉末。

（2）洋葱切去两头后，去除外皮，清洗干净后切块。

（3）胡萝卜洗净切片。

（4）芹菜去除根部，洗净切段。

（5）鸡蛋取蛋清备用。

图Ⅱ.1.1.14 鸡肉清汤的食材准备

3. 制作（图Ⅱ.1.1.15）

（1）蔬菜烘上色。

（2）鸡肉末加蛋清加烘上色的蔬菜以及香叶、白胡椒粉一同入锅，用手搅拌均匀。

（3）加入鸡基础汤，上炉灶加热，至微沸后改小火。

（4）炉灶保持小火，使汤在微沸状态下 2 ~ 3 小时。

图Ⅱ.1.1.15 鸡肉清汤的制作

4. 装盘（图Ⅱ.1.1.16）

（1）将汤用过滤纸过滤到汤锅中。

（2）在汤中加入盐调味。

（3）将汤汁装入汤盘中，饰以食用花。

图Ⅱ.1.1.16 鸡肉清汤的成品

（五）德国青豆汤

1. 食材（图Ⅱ.1.1.17）

（1）**主料：**青豆 75 克。

（2）**辅料：**洋葱 15 克、西芹 15 克、大蒜 5 克、鸡基础汤 400 毫升、德国小香肠 5 克、香叶 1 片。

（3）**调料：**盐 1 克、白胡椒粉 0.5 克、黄油 5 克、美极酱油 0.2 克。

图 Ⅱ .1.1.17 德国青豆汤的食材

2. 食材准备（图 Ⅱ .1.1.18）

（1）香肠切成厚约 3 毫米的片。

（2）洋葱切去两头后，去除外皮，清洗干净后切小片。

（3）大蒜洗净，切末。

（4）西芹去粗筋，洗净，切片。

图 Ⅱ .1.1.18 德国青豆汤的食材准备

◎ **注意事项**

★ 煮青豆时用沸水是为了保持青豆的绿色，还可在沸水中加少许油和盐，以减少青豆氧化发黄的情况发生。

★ 青豆煮熟后内部的余热会使其变黄，失去漂亮的绿色，应将其立即浸泡在冰水中迅速降温，以稳定叶绿素。

★ 香肠是直接食用的，所以切配时注意安全卫生。

3. 制作（图 II .1.1.19）

（1）青豆洗净后用沸水煮酥。

（2）汤锅中加黄油，炒香洋葱、蒜泥、西芹、香叶。

（3）锅中加香肠后倒入鸡基础汤，煮熟香肠。

（4）取出香叶，冷却。

（5）将青豆和汤水一起粉碎成蓉。

（6）将青豆蓉放入锅中烧开，调节稠度。

（7）用美极酱油、盐、胡椒粉调味。

图 II .1.1.19 德国青豆汤的制作

★ 在煮蔬菜时可放入部分鸡基础汤，剩余的鸡基础汤用于最后调节稠度。粉碎的青豆蓉再加热时用时要短，避免颜色变黄。

4. 装盘（图Ⅱ.1.1.20）

（1）准备一个干净的汤盘。

（2）用分餐勺将汤汁盛入汤盘中。

（3）上面放上香肠片，饰以食用花即可。

图Ⅱ.1.1.20 德国青豆汤的成品

5. 操作要点

如果汤的颜色呈黄绿色，是青豆的叶绿素被破坏，可能是因为青豆焯水时煮的时间过长，也可能是因为没有及时冷却。

如果汤的颜色发暗，可能是因为美极酱油加得太多。美极酱油是用于提升口味的，但其本身呈褐色，加入太多，会影响菜肴的颜色，并掩盖汤的本味。

二、冷沙司

（一）蛋黄酱

1. 食材（图Ⅱ.1.2.1）

（1）**主料**：鸡蛋黄 1 个、黄芥末酱 5 克、精制油 200 克。

（2）**调料**：白醋 7 克、盐 1 克、白胡椒粉 0.5 克、黄芥末 8 克、糖 1 克。

图Ⅱ.1.2.1 蛋黄酱的食材

2. 食材准备（图Ⅱ.1.2.2）

碗内放入蛋黄、黄芥末、盐、糖、白胡椒粉搅拌均匀。

图Ⅱ.1.2.2 蛋黄酱的食材准备

3. 制作（图Ⅱ.1.2.3）

（1）碗内加入蛋黄搅打至蛋黄乳化变白。

（2）边慢慢加入精制油，边搅打。

（3）蛋黄酱变厚，加油继续搅拌，直至所需的量。

（4）加入 10 克白醋，搅打均匀。

（5）最后用盐、胡椒粉、糖进一步调味，搅匀即可。

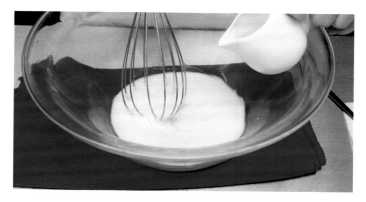

图Ⅱ.1.2.3 蛋黄酱的制作

🎯 **注意事项**

★ 在制作蛋黄酱的过程中，打蛋黄的碗中不能有油或杂质。在搅打的过程中，要慢慢添加精制油和白醋，过快加入会使蛋黄瀣掉（由稠变稀）。

★ 最后加入的调味料必须搅拌融化，否则会有盐或糖的颗粒，使食用者不悦。胡椒粉尽量使用颗粒较细腻的，否则会影响蛋黄酱的美观。

4. 装盘（图Ⅱ.1.2.4）

（1）准备一个干净的沙司盅。

（2）沙司用分餐勺盛入准备好的沙司盅中。

图Ⅱ.1.2.4 蛋黄酱的成品

注意事项

★ 自制蛋黄酱有时会发生油水分离现象，主要原因是温度的突然变化。特别是置于低温处时，蛋黄酱中的油水更容易发生分离现象。另外，强烈的摇荡也会导致蛋黄酱中的油水分离。为了防止蛋黄酱中油水分离，必须将其保存于适当温度中，并注意用后盖好瓶盖，避免摇晃。

5. 操作要点

如果蛋黄酱太稀，可能是因为白醋加得太多或者加得太快。需要给予蛋黄酱充分搅拌，如果还是太稀，可再加少量油搅拌使之变稠。

蛋黄酱刚开始澥的话，可以匀速搅拌进行补救。如果完全澥了，可以加入少量、已经打好的蛋黄酱，再匀速搅拌。

（二）恺撒汁

1. 食材（图Ⅱ.1.2.5）

（1）**主料：**蛋黄酱 100 克。

（2）**辅料：**酸黄瓜 10 克、洋葱 5 克、水瓜柳 5 克、银鱼柳 15 克、李派林喼汁 3 毫升。

（3）**调料：**白胡椒 0.5 克、盐 1.5 克、芫荽 1 克、黄油 20 克。

图 Ⅱ.1.2.5 恺撒汁的食材

2. 食材准备（图 Ⅱ.1.2.6）

（1）洋葱切去两头后，去除外皮，切末。

（2）酸黄瓜切末。

（3）水瓜柳、银鱼柳切碎。

（4）芫荽切末。

图 Ⅱ.1.2.6 恺撒汁的食材准备

注意事项

★ 所有食材都是直接食用的，刀工处理时须注意清洁卫生。

★ 水瓜柳、银鱼柳用粉碎机粉碎时可以略加一些银鱼柳罐头中的油，以帮助粉碎机工作，并增加沙司的香味。

3. 制作（图Ⅱ.1.2.7）

（1）碗中加入蛋黄酱。

（2）蛋黄酱加入李派林喼汁搅拌均匀。

（3）加入粉碎的水瓜柳、银鱼柳，与洋葱末、酸黄瓜末搅拌均匀即可。

图Ⅱ.1.2.7 恺撒汁的制作

注意事项

★ 洋葱末、酸黄瓜必须挤干水分加入到沙司中，否则原料中的水分会影响其稠度，酸黄瓜的咸味也会使沙司太咸。

★ 李派林喼汁会影响沙司的稠度与颜色，所以加入时要注意适量。

4. 装盘（图Ⅱ.1.2.8）

（1）准备一个干净的沙司盅。

（2）沙司用分餐勺盛入准备好的沙司盅中。

图Ⅱ.1.2.8 恺撒汁的成品

5. 操作要点

酸黄瓜、水瓜柳、银鱼柳都是咸味较重的原料，在制作时须适量，尤其是酸黄瓜、水瓜柳必须挤干水分后再使用。

注意罐装银鱼柳是油浸的，制作时应搅拌充分，使油完全乳化。

（三）意大利油醋汁

1. 食材（图Ⅱ.1.2.9）

（1）**主料：** 橄榄油 100 克、白醋 50 克、蒜瓣 10 克、洋葱 20 克。

（2）**调料：** 盐 0.5 克、白胡椒粉 0.2 克、黄芥末 15 克、芫荽草末 1 克。

图Ⅱ.1.2.9 意大利油醋汁的食材

2. 食材准备（图Ⅱ.1.2.10）

（1）将蒜瓣去皮洗净，切末。

（2）洋葱切去两头后，去除外皮，清洗干净，并用净水冲洗，切末。

图Ⅱ.1.2.10 意大利油醋汁的食材准备

 **注意事项**

★ 洋葱末、蒜末越细碎，口感越好。

3. 制作（图Ⅱ.1.2.11）

（1）黄芥末、洋葱末、蒜泥加入碗内，充分搅拌。

（2）边搅拌边缓慢加入橄榄油。

（3）加入白醋，搅拌均匀。

（4）最后加入盐、白胡椒粉调味，并撒上芫荽草末。

图Ⅱ.1.2.11 意大利油醋汁的制作

注意事项

★ 洋葱末、蒜末与黄芥末必须充分搅拌，使其组织中香辛成分充分融出，这样制作出来的油醋汁香料味足。

★ 油与醋的比例通常为2∶1或3∶1，可根据实际使用要求进行调制。

4. 装盘（图Ⅱ.1.2.12）

（1）准备一个干净的沙司盅。

（2）沙司用分餐勺盛入准备好的沙司盅中。

图Ⅱ.1.2.12 意大利油醋汁的成品

5. 操作要点

在开始搅拌时，必须将蒜末、洋葱末用蛋抽搅拌均匀，通过搅打的力量促使香味释放出来。

油醋汁是基础汁，可以在它的基础风味上添加调料，比如橙汁、香草、番茄等原料，形成不同风味，适合不同菜肴的冷沙司。

三、热沙司

（一）布朗汁

1. 食材（图Ⅱ.1.3.1）

（1）**主料：** 牛基础汤 200 毫升、洋葱 20 克、胡萝卜 20 克、芹菜 20 克、番茄酱 15 克、香叶 1 片。

图Ⅱ.1.3.1 布朗汁的食材

（2）**调料：** 盐 1 克、黑胡椒粉 0.5 克、红葡萄酒 100 毫升、面粉 30 克、黄油 30 克。

2. 食材准备（图Ⅱ.1.3.2）

（1）洋葱切去两头，去除外皮，清洗干净后切块。

（2）胡萝卜洗净切片。

（3）芹菜去除根部，洗净切段。

图Ⅱ.1.3.2 布朗汁的食材准备

3. 制作（图Ⅱ.1.3.3）

（1）取汤锅倒入红葡萄酒，加热浓缩。

（2）汤锅加热，融化黄油后炒香洋葱、胡萝卜、芹菜，再加入香叶、番茄酱，炒至番茄酱没有生番茄味。

（3）加入红葡萄酒浓缩汁、牛基础汤，煮沸后小火煮 5 分钟，过滤去除蔬菜。

图Ⅱ.1.3.3 布朗汁的制作

（4）另取一汤锅，放入黄油，放入面粉炒成油面酱。

（5）边搅拌边加入汤汁，至一定稠度，用盐、黑胡椒粉调味。

注意事项

★ 制作汤或者沙司，用油面酱调节稠度时，需要充分掌握其特性。汤和油面酱的温度应保持相近，即油面酱是热的，汤也应该是热的，如果汤是低温的，油面酱也应该是低温的。

4. 装盘（图 II .1.3.4）

（1）准备一个干净的沙司盅。

（2）沙司用分餐勺盛入准备好的沙司盅中。

图 II .1.3.4 布朗汁的成品

5. 操作要点

番茄酱放得太多，会导致成品颜色过深。

（二）奶油汁

1. 食材（图 II .1.3.5）

（1）**主料：** 牛奶 100 毫升、奶油 50 毫升、白色基础汤 100 毫升、白洋葱 20 克。

（2）**调料：** 盐 1 克、白胡椒粉 0.5 克、面粉 20 克、黄油 20 克。

图Ⅱ.1.3.5 奶油汁的食材

2. 食材准备（图Ⅱ.1.3.6）

洋葱切去两头后，去除外皮，清洗干净后切末。

图Ⅱ.1.3.6 奶油汁的食材准备

注意事项

★奶油沙司中的洋葱可放可不放，如果要放，应该用白洋葱，这样能保证沙司没有杂色。

★洋葱末应该越细碎越好，否则会影响最后的成品质量。

3. 制作（图Ⅱ.1.3.7）

（1）锅中放黄油，加入洋葱末炒香。

（2）将牛奶倒入锅中，煮沸备用。

（3）另取一锅放入黄油以小火加热融化，然后放入面粉，用小火炒熟。

（4）油面酱边搅拌边加入煮沸的牛奶，至一定稠度。

（5）用盐、白胡椒粉调味，最后加入奶油，搅拌均匀即成。

图Ⅱ.1.3.7 奶油汁的制作

注意事项

★牛奶不能长时间煮沸，否则会使牛奶中的蛋白质变性，而影响其营养和美观。

★油面酱加入牛奶时，必须将其搅打上劲，这样制作出来的奶油沙司才能光洁。

4. 装盘（图Ⅱ.1.3.8）

（1）准备一个干净的沙司盅。

（2）沙司用分餐勺盛入准备好的沙司盅中。

图Ⅱ.1.3.8 奶油汁的成品

5. 操作要点

如果成品很稀薄，往往是因为油面酱没炒好，太薄，或油面酱加入的量不够。
制作油面酱的面粉必须完全炒熟。

（三）番茄沙司

1. 食材（图Ⅱ.1.3.9）

（1）主料：番茄酱 25 克、番茄 150 克、白洋葱 10 克、大蒜 3 克、牛基础汤 100 毫升。

（2）辅料：罗勒 2 克、牛至叶 0.5 克。

（3）调料：盐 1 克、白胡椒粉 0.5 克、糖 2 克、精制油 50 毫升。

图Ⅱ.1.3.9 番茄沙司的食材

2. 食材准备（图Ⅱ.1.3.10）

（1）白洋葱切粒。

（2）大蒜去皮，切末。

（3）罗勒、牛至叶清洗干净后切碎。

（4）番茄顶部划十字刀，沸水烫后去皮去籽，切块。

图Ⅱ.1.3.10　番茄沙司的食材准备

◎ 注意事项

★番茄沸水烫时需要掌握时间，不能太过，否则番茄太酥烂，不容易刀工成形，在有些特别需要注意刀工的菜肴中处理此类番茄须小心。

3. 制作（图Ⅱ.1.3.11）

（1）炒香洋葱粒、蒜末。

（2）加入罗勒、百里香炒香。

（3）加入番茄块炒透，加番茄酱炒透，加入牛基础汤煮沸。

（4）炒好的番茄块稍冷却后，用粉碎机粉碎。

（5）用盐、白胡椒粉、糖调味。

图Ⅱ.1.3.11　番茄沙司的制作

注意事项

★此道沙司的稠度可用牛基础汤和黄油调节。番茄和番茄酱都具有一定稠度，加入基础汤变稀，而加入黄油能增稠，并使沙司产生一定的光泽度。

4. 装盘（图Ⅱ.1.3.12）

（1）准备一个干净的沙司盅。

（2）沙司用分餐勺盛入准备好的沙司盅中。

图Ⅱ.1.3.12　番茄沙司的成品

5. 操作要点

沙司的量太少或沙司太干，会使粉碎机粉碎得不均匀。

目前国内市场比较难买到新鲜的牛至叶，可以使用干制品，但注意粉碎须充分，否则会影响沙司的美观。

第二讲 西式快餐制作 5 例

（一）公司三明治

1. 食材（图Ⅱ.2.1.1）

（1）**主料：** 三明治面包 3 片。

（2）**辅料：** 绿生菜 3 片、酸黄瓜 30 克、番茄 50 克、培根 27 克、火腿 25 克、鸡蛋 1 个、蛋黄酱 50 克、薯条 80 克、混合生菜 10 克。

（3）**调料：** 番茄沙司 15 克。

图Ⅱ.2.1. 公司三明治的食材

2. 食材准备（图Ⅱ.2.1.2）

（1）平底锅烧热，将鸡蛋两面煎熟。

（2）将薯条炸至金黄色。

（3）培根煎熟、煎香。

（4）将三明治面包片烘上色。

图Ⅱ.2.1.2 公司三明治的食材准备

3. 制作（图Ⅱ.2.1.3）

（1）番茄、酸黄瓜切片。

（2）在三明治面包片的一面涂上蛋黄酱。

（3）在涂有蛋黄酱的三明治面包片上，依次放生菜、火腿、番茄片，盖上另一片面包，再放生菜、煎蛋、煎培根、酸黄瓜片，最后盖上第三片面包。

（4）将做好的三明治切去边皮，并沿对角线一切为四，插上牙签。

图Ⅱ.2.1.3 公司三明治的制作

注意事项

★ 制作三明治一定要压紧，这样口感较好。

4. 装盘（图Ⅱ.2.1.4）

步骤：装盘配上番茄沙司和薯条。

图Ⅱ.2.1.4 公司三明治的成品

5. 操作要点

三明治面包片烤或不烤都可以。

三明治如果要烤，是先烤面包片，之后再加入肉、蛋、蔬菜等馅料。如果只放果酱的话，可以面包片和料一起烤。

（二）牛肉汉堡

1. 食材（图Ⅱ.2.2.1）

（1）**主料：**牛肉末300克。

（2）**辅料：**西芹30克、洋葱30克、花式生菜20克、青红甜椒各30克、鸡蛋 50 克、汉堡面包 1 个、酸黄瓜 8 克。

（3）**调料：**盐和胡椒各 2 克、黄芥末 3 克、李派林喼汁 2 毫升、番茄沙司 15 克、蛋黄酱 20 克、辣椒仔 3 克。

图 II .2.2.1 牛肉汉堡的食材

2. 食材准备（图 II .2.2.2）

（1）洋葱、酸黄瓜切末。

（2）鸡蛋取蛋黄。

（3）将以上原料和李派林喼汁、黄芥末、辣椒仔拌入牛肉末中，搓成肉饼。

（4）青红甜椒切圈。

图 II .2.2.2 牛肉汉堡的食材准备

注意事项

★ 在拌肉馅的时候，加入面包粒可以使肉馅更富有弹性，吸水性更好，能够使原本会流失的汁水锁定在肉馅中。

3. 制作（图Ⅱ.2.2.3）

步骤：油锅烧热，将肉饼煎熟。

图Ⅱ.2.2.3 牛肉汉堡的制作

注意事项

★ 在煎肉饼的时候，尽量不要挤压它，那样会导致水分流失，从而使肉馅口感干柴无味。正确方法是两面煎上色后放入烤箱烘烤即可。

4. 装盘（图Ⅱ.2.2.4）

（1）面包一切为二，抹上蛋黄酱。

（1）将烤好的肉饼与生菜、青红椒圈一同夹进面包，置于盘中。

（2）将蔬菜放在牛肉汉堡周围。

（3）配上番茄沙司（也可加上薯条）。

图Ⅱ.2.2.4 牛肉汉堡的成品

5. 操作要点

牛肉馅的馅料在部位上没有特殊规定，都可以，前提是去净筋膜。推荐选择牛柳等较嫩的部位肉。

（三）美式炸鸡腿

1. 食材（图Ⅱ.2.3.1）

（1）**主料：**鸡腿 300 克。

（2）**辅料：**薯饼 50 克、西兰花 30 克、手指胡萝卜 30 克、百里香 10 克、面

图Ⅱ.2.3.1 美式炸鸡腿的食材

粉 50 克、鸡蛋 50 克、面包糠 50 克。

（3）**调料：** 盐和胡椒各 2 克、辣椒仔 5 克、番茄沙司 50 克、黄油 5 克、干白 5 毫升、李派林喼汁 5 毫升。

2. 食材准备（图 II .2.3.2）

（1）将蔬菜去皮、改刀。

（2）鸡腿用干白、盐、胡椒、辣椒仔、李派林喼汁、百里香腌渍。

（3）腌渍好的鸡腿"过三关"（依次裹上面粉、鸡蛋、面包糠）。

图 II .2.3.2 美式炸鸡腿的食材准备

注意事项

★"过三关"的时候，要使鸡腿均匀包裹上外壳，需要注意的是顺序不能搞错，依次是面粉、鸡蛋、面包糠。最后一个步骤撒面包糠时，注意要撒得适量，因为撒得过多会导致面包糠结块，使成品不均匀。

3. 制作（图 II .2.3.3）

（1）将蔬菜焯水。

（2）将锅子烧热融化黄油，炒香蔬菜。

（3）将薯饼放入油炸炉炸至金黄。

（4）将"过三关"的鸡腿炸至全熟。

图Ⅱ.2.3.3 美式炸鸡腿的制作

注意事项

★ 炸鸡腿很容易出现生或者焦的现象。需要用二次复炸来保证鸡肉全熟且颜色呈金黄色。首先，将鸡腿在高油温中炸至定型且颜色为淡黄色后取出，然后降低油温再将定型的鸡腿放入油锅中二次复炸，至鸡肉全熟，颜色为金黄色即可。

4. 装盘（图Ⅱ.2.3.4）

（1）将炸好的鸡腿放在盘中两个交叠。

图Ⅱ.2.3.4 美式炸鸡腿的成品

（2）将炒好的蔬菜放于鸡腿旁。

（3）将番茄沙司倒入盘中。

（4）在鸡腿上装饰百里香装盘即可。

5. 操作要点

美式炸鸡腿所用的面包粉可以自己制作，用切片的白吐司或者馒头，先把吐司或者馒头的表皮去掉，只要里面的白色部分，用烤箱烤。不用烤箱的话，直接放进微波炉加热也可以，但时间不要太长。加热几十秒就打开看一下，发现已经变干变硬就可以了，晾凉后放进保鲜袋里压碎。

（四）维也纳炸肉排

1. 食材（图Ⅱ.2.4.1）

（1）**主料：**猪里脊 150 克。

（2）**辅料：**柠檬 25 克、银鱼柳 30 克、苹果泥 80 克、鸡蛋 50 克、百里香 20 克、面包糠 50 克、面粉 50 克、有机食用鲜花 10 克。

（3）**调料：**盐和胡椒各 2 克、白葡萄酒 10 毫升。

图Ⅱ.2.4.1 维也纳炸肉排的食材

2. 食材准备（图Ⅱ.2.4.2）

（1）将猪里脊拍成扁平状，用盐、胡椒、白葡萄酒、百里香腌渍。

（2）将腌渍好的猪里脊"过三关"。

（3）将柠檬切角。

（4）银鱼柳浸入纯净水中洗去盐分。

图 II .2.4.2 维也纳炸肉排的食材准备

注意事项

★银鱼柳通常为罐装银鱼柳，味道非常咸，一般作为调味食品。在西餐中，银鱼柳是做恺撒汁（Ceasar Dressing）的必备用料，银鱼柳一般可与色拉或肉类一同食用。

3. 制作（图 II .2.4.3）

（1）将"过三关"后的猪排放于 160℃的热油中炸至断生捞出。

（2）将油温升至 220℃入猪排复炸，呈金黄色即可。

图 II .2.4.3 维也纳炸肉排的食材准备

注意事项

★ 猪排一定要经过复炸，以保证其口感的外脆里嫩。

4. 装盘（图 II .2.4.4）

（1）将猪排放于盘中。

（2）将苹果泥沙司倒入沙司盅。

（3）在猪排上放一块柠檬角、两片银鱼柳。

（4）在盘中点缀食用花。

图 II .2.4.4 维也纳炸肉排的成品

5. 操作要点

将切好肉片，使用松肉锤以适当力度击打，能够让肉质变松。如果没有锤子，找其他趁手的工具也可以。

在炸制过程中，先用中火炸几分钟，到两面微微金黄，然后捞出来，晾凉，再放进锅里用大火炸十几秒，至金黄，令其外部酥脆，即成。

（五）奶油培根面

1. 食材（图 II .2.5.1）

（1）**主料：**意大利面条 150 克 。

（2）**辅料：** 鸡蛋黄（18 克 / 个）1 个、培根（27 克 / 片）1 片、奶油 75 毫升、芝士粉 10 克、白洋葱丝 30 克、蒜蓉 6 克。

（3）**调料：** 白葡萄酒 20 毫升、盐 2.5 克、白胡椒 1 克、黄油 10 克。

图 II .2.5.1 奶油培根面的食材

2. 食材准备（图 II .2.5.2）

（1）锅中水煮开，加盐，然后放入意大利面条煮至断生捞出，备用。

（2）把培根切成丝。

图 II .2.5.2 奶油培根面的食材准备

3. 制作（图Ⅱ.2.5.3）

（1）取热锅，放入黄油，然后将培根丝炒熟，将洋葱丝、蒜泥炒香，加入盐、白胡椒粉、白葡萄酒调味，再加入奶油，最后放入意大利面条。

（2）面条炒至浓稠入味后加入鸡蛋黄和芝士粉，拌匀即可。

图Ⅱ.2.5.3 奶油培根面的制作

注意事项

★ 意大利面煮至断生即可，不用太熟。

★ 培根挑选较肥的，以增加面的风味。

4. 装盘（图Ⅱ.2.5.4）

（1）准备一个干净的汤盘。

（2）将做好的面条装入盘中，放入罗勒叶、撒上芝士粉点缀。

5. 操作要点

炒奶油面时最后需要放个鸡蛋黄，这样奶香浓郁，鸡蛋黄不起花。

图 II .2.5.4 奶油培根面的成品

第三讲 西式冷菜制作 6 例

（一）华尔道夫色拉

1. 食材（图Ⅱ.3.1.1）

（1）**主料**：西芹 40 克、苹果 60 克。

（2）**辅料**：蛋黄酱 50 克、核桃碎 5 克。

（3）**调料**：盐、胡椒各 2 克。

图Ⅱ.3.1.1 华尔道夫色拉的食材

2. 食材准备（图Ⅱ.3.1.2）

（1）西芹去皮切丁。

（2）苹果去皮切丁。

图 II .3.1.2 华尔道夫色拉的食材准备

3. 制作（图 II .3.1.3）

西芹与苹果丁拌入蛋黄酱，搅拌均匀，并以盐、胡椒调味。

图 II .3.1.3 华尔道夫色拉的制作图

 注意事项

★ 苹果切丁后会出水，不能太早拌合。

4. 装盘（图Ⅱ.3.1.4）

（1）色拉装于盘中间，上面撒核桃碎。

（2）配适量食用花草。

图Ⅱ 3.1.4 华尔道夫色拉的成品

5. 操作要点

市场上买来的蛋黄酱里面会添加更多香料，还有保持形状用的稳定剂如天然树胶和变性淀粉。从营养价值来说，工业产品因为添加了许多配料，虽然香味不如自制，但热量值较低。所以买现成的和自制均无不可。

（二）田园色拉

1. 食材（图Ⅱ.3.2.1）

（1）**主料：**西兰花 20 朵、鸡蛋 1 个、生菜 20 克、黄瓜 50 克、草菇 80 克、樱桃番茄 80 克。

（2）**辅料：**橄榄油 15 毫升、香醋 15 毫升。

（3）**调料：**盐、黑胡椒碎各 2 克。

图 II .3.2.1 田园色拉的食材

2. **食材准备**（**图** II .3.2.2）

（1）草菇切块，西兰花摘成小朵，在沸水中煮熟后过凉水。

（2）鸡蛋煮熟，放凉切成圆片。

（3）草菇在沸水中氽烫 2 分钟后过冷水。

（4）樱桃番茄对半切开。

（5）生菜手撕成小块。

（6）黄瓜去皮，切丁。

图 II .3.2.2 田园色拉的食材准备

3. 制作（图Ⅱ.3.2.3）

取容器将黄瓜、番茄、草菇、西兰花放入，依次淋入香醋和橄榄油，调入盐和黑胡椒碎。

图Ⅱ.3.2.3 田园色拉的制作

4. 装盘（图Ⅱ.3.2.4）

（1）盘底垫生菜，鸡蛋片。将拌好的黄瓜、番茄、草菇、西兰花置于其上，上面撒核桃碎。

（2）配适量食用花草。

图Ⅱ.3.2.4 田园色拉的成品

5. 操作要点

香醋可以是滋味比较浓重的意大利香草醋。

（三）法国海鲜色拉

1. 食材（**图Ⅱ.3.3.1**）

（1）**主料：** 基围虾 30 克、扇贝 15 克、青口贝 50 克、蛤蜊 10 克。

（2）**辅料：** 洋葱 10 克、芹菜 5 克、胡萝卜 5 克、香叶 1 克、柠檬 1 个、荷兰芹 3 克、莳萝 5 克、油醋汁 10 克、混合生菜 30 克。

（3）**调料：** 盐、白胡椒粉各 2 克。

图Ⅱ.3.3.1 法国海鲜色拉的食材

2. 食材准备（**图Ⅱ.3.3.2**）

（1）胡萝卜切片、西芹切块、洋葱切片后放入锅中烧煮。

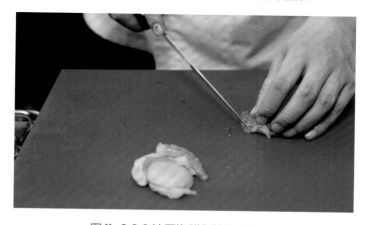

图Ⅱ.3.3.2 法国海鲜色拉的食材准备

（2）将基围虾去头、去壳、去沙筋。

（3）扇贝去壳取肉。

（4）青口贝、蛤蜊洗净。

3. 制作（图Ⅱ.3.3.3）

（1）海鲜放入锅中，加入柠檬。煮至海鲜断生即取出冷却。

（2）海鲜用法式油醋汁、盐、胡椒粉拌匀，撒上荷兰芹。

图Ⅱ.3.3.3 法国海鲜色拉的制作

 注意事项

★ 煮海鲜时水温不宜过高。

4. 装盘（图Ⅱ.3.3.4）

（1）混合生菜装入盘中。

（2）放上烹煮好的海鲜。

（3）淋上油醋汁，饰以柠檬角、莳萝。

5. 操作要点

市场上买来的活养扇贝进行壳肉分离的方法是，将刀子伸进去把扇贝撬开，留下

图 II .3.3.4 法国海鲜色拉的成品

有肉的半边，沿着壳壁用小刀把贝肉取下。注意肉后部那块黑黑的是内脏，要去除。裙边下面那层像睫毛状黄色部分是腮，也要去除。最后只留下中间那团圆形的肉以及月牙形的黄就可以了。

市场上买来的活养蛤蜊在烹调前要进行预处理。先用清水淘洗几遍，直到水不发浑为止。然后，以 5 千克水 200 克盐的比例兑好盐水，将蛤蜊倒入，水要没过蛤蜊。然后再在水里加入几滴食用油，用筷子搅开。半小时后蛤蜊就会伸出"舌头"四处喷水了，大约 2 个小时后，蛤蜊体内的泥沙就基本吐尽，可以放心地用来烹制菜肴了。

（四）三文鱼"太太"

1. 食材（图 II .3.4.1）

（1）**主料**：冰鲜三文鱼 90 克。

（2）**辅料**：柠檬角 20 克、荷兰芹 3 克、白洋葱 5 克、红菜头 30 克、油醋汁 20 毫升。

（3）**调料**：盐、胡椒各 2 克、橄榄油、荷兰芹。

图Ⅱ.3.4.1 三文鱼"太太"的食材

2. 食材准备（图Ⅱ.3.4.2）

（1）冰鲜三文鱼解冻后切丁。

（2）白洋葱切末。

（3）红菜头煮熟，刮皮切粒。

图Ⅱ.3.4.2 三文鱼"太太"的食材准备

3. 制作（图Ⅱ.3.4.3）

（1）三文鱼用盐、胡椒粉、橄榄油调味，与洋葱末、荷兰芹末一同拌匀。

（2）红菜头丁加入盐和胡椒，并倒入油醋汁，挤上柠檬汁，拌匀备用。

图Ⅱ.3.4.3 三文鱼"太太"的食材准备

◎ **注意事项**

★ 三文鱼要切得大小均匀，这样容易入味。

4. 装盘（图Ⅱ.3.4.4）

（1）红菜头丁用圈模定形后置于盘底。

（2）将三文鱼丁同样用圈模定形置于红菜头上。

（3）以食用花草和柠檬角装饰。

图Ⅱ.3.4.4 三文鱼"太太"的成品

5. 操作要点

三文鱼"太太"的三文鱼食材以养殖的为好。因为野生三文鱼寄生虫较多，主要来自它们吃的小鱼小虾，如美国的阿拉斯加三文鱼（阿拉斯加地方法律禁止养殖三文鱼）。人工养殖的三文鱼可以从食物链上最大程度避免寄生虫的感染。

三文鱼中的异尖线虫能在食醋中存活105小时，在高浓度白酒中存活24分钟，蒜泥汁中存活7小时，生姜汁中存活10小时。刺身经过这么长时间的调料浸泡是无法食用的。所以生食三文鱼千万不要选购阿拉斯加野生三文鱼！

（五）各式小吃

1. 食材（图Ⅱ.3.5.1）

（1）**主料：**熟鸡蛋1个、黑鱼子酱20克、虾仁20克、烟熏三文鱼30克、油浸金枪鱼20克。

（2）**辅料：**吐司面包3片、蛋黄酱30克、去壳黑橄榄5克、混合生菜15克。

（3）**调料：**盐、胡椒各2克。

图Ⅱ.3.5.1 各式小吃的食材

2. 食材准备（图Ⅱ.3.5.2）

（1）油浸金枪鱼拌蛋黄酱。

（2）吐司面包烘上色，刻成小圆片后涂上蛋黄酱。

（3）虾仁煮熟。

图 II .3.5.2 各式小吃的食材准备

3. 制作（图 II .3.5.3）

（1）生菜刻成圆形放在吐司面包上。

（2）每片面包上放一种海鲜与鸡蛋片（金枪鱼、烟熏三文鱼、基围虾、黑鱼子酱）。

图 II .3.5.3 各式小吃的制作

注意事项

★ 吐司面包上所放的海鲜种类没有硬性规定，可以替换成其他品种或口味的。

4. 装盘（图Ⅱ.3.5.4）

将做好的海鲜开那批（canapé）装盘，淋上少许橄榄油即可。

图Ⅱ.3.5.4 各式小吃的成品

5. 操作要点

罐装金枪鱼选油浸的好，因为油浸的金枪鱼比水浸的口感浓郁，另外比较润滑，做出来的菜色也比较好看。

黑鱼子酱铺在面包片上之前不需要腌渍。吃鱼子酱最好的方法，便是最简单的方法：直接入口。若加上佐料则会改变或者盖掉鱼子酱的鲜美滋味。

（六）牛肉咖喱冻

1. 食材（图Ⅱ.3.6.1）

（1）**主料：**烤牛里脊30克、胡萝卜30克、西兰花30克、红黄椒各30克。

（2）**辅料：**明胶片3克。

（3）**调料：**盐、胡椒各2克。

图Ⅱ.3.6.1 牛肉咖喱冻的食材

2. 食材准备（图Ⅱ.3.6.2）

（1）明胶片融化。

（2）将烤牛里脊切丁，西兰花摘小朵。

（3）胡萝卜、红甜椒、黄甜椒切丁。

图Ⅱ.3.6.2 牛肉咖喱冻的食材准备

3. 制作（图Ⅱ.3.6.3）

（1）蔬菜焯水。

（2）明胶片融化后调味，制成明胶水。

（3）将焯水后的蔬菜原料和牛肉丁用明胶水浸没，接着倒入模具冷藏。

图Ⅱ.3.6.3 牛肉啫喱冻的制作

4. 装盘（图Ⅱ.3.6.4）

（1）牛肉啫喱冻脱模。

（2）盘底用黑醋汁装饰，放上啫喱冻。

（3）上置食用花苗装饰。

图Ⅱ.3.6.4 牛肉啫喱冻的成品

5. 操作要点

牛里脊肉用盐、黑胡椒碎、芥末酱、百里香等腌渍一天后，先在煎锅中煎上色，再入 180℃烤箱烤 30 分钟，即能制成烤牛里脊食材。

第四讲 西式热菜制作 15 例

（一）煎鱼柳配奶油罗勒汁

1. 食材① （图 II .4.1.1）

（1）**主料：** 净鱼柳 200 克。

（2）**辅料：** 白芦笋 38 克、孢子甘蓝 30 克、小红萝卜 30 克、手指胡萝卜 10 克、有机食用花苗 10 克、杏仁片 10 克 、柠檬 25 克。

（3）**调料：** 盐和胡椒各 2 克，油适量。

图 II .4.1.1 煎鱼柳的食材

2. 食材②（图Ⅱ.4.1.2）

（1）**主料：** 奶油沙司 200 毫升、罗勒 5 克、洋葱末 10 克。

（2）**调料：** 盐 1 克、白胡椒粉 0.5 克、白葡萄酒 50 毫升、黄油 5 克。

图Ⅱ.4.1.2 罗勒汁的食材

3. 食材准备①（图Ⅱ.4.1.3）

（1）鱼柳用盐、胡椒腌渍。

（2）蔬菜去皮、去根、改刀。

（3）柠檬切角。

图Ⅱ.4.1.3 煎鱼柳的食材准备

◎ 注意事项

★ 烹饪白芦笋有两种方法：一是用鲜牛奶煮，先加热牛奶至70℃左右，放入白芦笋，微火煮30分钟；二是用清水煮，先煮水到70~80℃，放入白芦笋，微火煮30分钟。两种方式煮好的白芦笋都是捞出后撒一些海盐调味直接食用的。

4. 食材准备②（图Ⅱ.4.1.4）

罗勒洗净，切末。

图Ⅱ.4.1.4 奶油罗勒汁的食材准备

5. 制作①（图Ⅱ.4.1.5）

（1）鱼柳拍上面粉两面煎熟。

（2）蔬菜焯水后放入锅中炒香。

（3）杏仁片炒熟。

图Ⅱ.4.1.5 煎鱼柳的制作

注意事项

★ 烤盘铺上烤盘纸，再将杏仁片倒入，用手指将杏仁片拨开，越薄越好，而且杏仁片最好不要重叠，送入烤箱，以上火180℃、下火160℃，烤8分钟即可。

6. 制作②（图Ⅱ.4.1.6）

（1）汤锅中加入白葡萄酒、洋葱末煮至浓缩。

（2）加入奶油沙司，煮沸。

（3）加入罗勒末。

（4）用盐、白胡椒粉调味。

图Ⅱ.4.1.6 奶油罗勒汁的制作

注意事项

★ 加入罗勒后应避免长时间煮，因为煮的时间过长，不仅会使罗勒的叶绿素过多渗入到沙司中，破坏沙司色泽，还会使罗勒叶变黄。

7. 装盘（图Ⅱ.4.1.7）

（1）将奶油罗勒汁浇在盘中。

（2）将鱼柳置于汁水上。

（3）将蔬菜和柠檬角放在鱼柳旁边。

（4）最后点缀上食用花苗，撒上杏仁片。

图Ⅱ.4.1.7 煎鱼柳配奶油罗勒汁的成品

8. 操作要点

煎制的鱼柳总有些油腻的，加入柠檬汁后，不仅可以立即中和油腻的口感，而且还会让鱼肉变得更加鲜嫩爽口。

切罗勒的时候尽量不要侧切。

（二）煎鸡胸配雪莉酒汁

1. 食材①（图Ⅱ.4.2.1）

（1）**主料：**鸡胸1片（不少于150克）。

（2）**辅料：**薯饼2个、樱桃番茄1个、西兰花（4克/1朵）3朵、油炸罗勒0.5克、蘑菇片3克。

（3）**调料：**白葡萄酒200毫升、黄油20克、盐3克、白胡椒粉2克。

图Ⅱ 4.2.1 煎鸡胸的食材

2. 食材②（图Ⅱ.4.2.2）

（1）**主料：** 布朗沙司 300 毫升、雪莉酒 20 毫升。

（2）**调料：** 盐 1 克、白胡椒粉 0.5 克、黄油 20 克。

图Ⅱ.4.2.2 雪莉酒汁的食材

3. 食材准备①（图Ⅱ.4.2.3）

鸡胸用盐、白胡椒粉、白葡萄酒腌渍。

图 II .4.2.3 煎鸡胸的食材准备

4. 食材准备② (图 II .4.2.4)

汤锅中加入雪莉酒，煮沸。

图 II .4.2.4 雪莉酒汁的食材准备

5. 制作① (图 II .4.2.5)

（1）将腌渍后的鸡胸煎熟并至金黄色。

（2）蔬菜焯水后炒熟。

（3）薯饼炸至金黄色。

图Ⅱ.4.2.5 煎鸡胸的制作

 注意事项

★ 在煎鸡胸的时候不要频繁翻动鸡胸，待其煎上色再翻面。

6. 制作②（图Ⅱ.4.2.6）

（1）在煮沸的雪莉酒中加入布朗汁再次煮沸。

（2）用黄油调节稠度。

（3）用盐、白胡椒粉调味。

图Ⅱ.4.2.6 雪莉酒汁的制作

7. 装盘（图Ⅱ.4.2.7）

鸡胸放在盘中间，淋上雪莉酒汁，加入配菜。

图Ⅱ.4.2.7 煎鸡胸配雪莉酒汁的成品

（三）煎羊排配洋葱沙司

1. 食材①（图Ⅱ.4.3.1）

（1）**主料：** 新西兰羊排 150 克。

（2）**辅料：** 蒜泥 6 克、土豆 100 克、手指胡萝卜 10 克、西兰花 12 克、 绿节

图Ⅱ.4.3.1 煎羊排的食材

瓜 10 克、有机食用花 0.5 克。

（3）**调料：** 盐和胡椒各 2 克、黄芥末 2 克、干红 5 毫升、精制油 5 毫升。

2. 食材②（图Ⅱ.4.3.2）

（1）**主料：** 洋葱 100 克、布朗沙司 300 毫升。

（2）**调料：** 盐 0.5 克、白胡椒粉 0.5 克、黄油 5 克、精制油 20 毫升、干红葡萄酒 50 毫升。

图Ⅱ.4.3.2 洋葱沙司的食材

3. 食材准备①（图Ⅱ.4.3.3）

（1）将羊排上的筋膜去掉，刮干净后端骨头部分，改刀后用红酒、盐、胡椒、黄芥末腌渍。

图Ⅱ.4.3.3 煎羊排的食材准备

（2）节瓜切片、手指胡萝卜去皮。

（3）土豆去皮，修成橄榄形后煮熟。

◎ **注意事项**

　　★羊排在去筋膜的时候，注意安全，不要伤到手。一定要用小的剔骨刀去刮。可以将一根细麻绳的一头系在羊排骨尾部，另一端系在手上，运用惯性迅速一拉，便能把羊骨上多余的肉和筋膜去除干净。

4. 食材准备②（图Ⅱ.4.3.4）

（1）洋葱切丝。

（2）锅中加精制油，加入洋葱丝炒香。

图Ⅱ.4.3.4 洋葱沙司的食材准备

5. 制作①（图Ⅱ.4.3.5）

（1）羊排，两面煎香，煎到7分熟。

（2）取出羊排，用剩下的油炒熟蔬菜，并撒入蒜泥爆香。

图Ⅱ.4.3.5 煎羊排的制作

⊙ 注意事项

★油的烹饪温度超过烟点时，油会开始分解生成一些刺鼻且对身体有害的物质，因此油的烹饪温度绝对不能超过烟点。初榨橄榄油的烟点很低，因此不宜用来制作热菜，应该用于凉拌调味，而普通橄榄油就没有这个问题。

6. 制作②（图Ⅱ.4.3.6）

（1）在炒香的洋葱丝中加入红葡萄酒煮至浓稠，粉碎过滤。

图Ⅱ.4.3.6 洋葱沙司的制作

（2）滤液中加入布朗沙司煮沸。

（3）用盐、黑胡椒粉调味。

（4）用黄油调节稠度。

7. 装盘（图Ⅱ.4.3.7）

（1）羊排交叠放入盘中。

（2）手指胡萝卜、土豆、节瓜放在羊排旁。

（3）点缀食用花。

（4）浇上沙司。

图Ⅱ.4.3.7 煎羊排配洋葱沙司的成品

8. 操作要点

国内和国外羊肉的分割方式不同，不同部位的肉，其烹饪方法不同，时间上也会有差异。这里推荐选用新西兰羊排。

煎时尽量少翻动，避免汁水流出。

（四）煎牛柳配干葱汁

1. 食材①（图Ⅱ.4.4.1）

（1）主料：牛柳 200 克。

（2）**辅料：**土豆 80 克、手指胡萝卜 12 克、西兰花 12 克。

（3）**调料：**盐和胡椒各 3 克、黄油 10 克、红酒 10 毫升。

图Ⅱ.4.4.1 煎牛柳的食材

2. 食材②（图Ⅱ.4.4.2）

（1）**主料：**干葱 100 克、布朗沙司 300 毫升。

（3）**调料：**盐 0.5 克、黑胡椒粉 0.5 克、黄油 5 克、精制油 20 毫升、干红葡萄酒 50 毫升。

图Ⅱ.4.4.2 干葱汁的食材

3. 食材准备①（图Ⅱ.4.4.3）

（1）手指胡萝卜刨皮。

（2）土豆去皮，切厚片，用圈膜刻成圆片。

（3）西兰花改刀。

（4）牛柳去筋膜，用绳子捆扎后加盐、胡椒、红酒腌渍。

图Ⅱ.4.4.3 煎牛柳的食材准备

注意事项

★ 在处理手指胡萝卜时不但要刨皮，还要用刨皮刀轻轻地从胡萝卜顶部连接根茎凹陷处将泥土和老茎去除。

4. 食材准备②（图Ⅱ.4.4.4）

（1）干葱切丝。

（2）炒香干葱丝。

图Ⅱ.4.4.4 干葱汁的食材准备

5. 制作①（图Ⅱ.4.4.5）

（1）所有蔬菜焯水。

（2）在锅中放入蔬菜炒熟并加黄油增香。

（3）将锅子烧热放入牛柳，高温煎熟。

图Ⅱ.4.4.5 煎牛柳的制作

6. 制作②（图Ⅱ.4.4.6）

（1）在炒香的干葱末中加入红葡萄酒煮至浓稠，粉碎过滤。

（2）滤液中加入布朗沙司煮沸。

（3）用黄油调节稠度。

图Ⅱ.4.4.6　干葱汁的制作

7. 装盘（图Ⅱ.4.4.7）

（1）牛柳去绳子后放入盘中。

（2）蔬菜放在牛柳旁边。

（3）配上食用花苗。

（4）倒上干葱汁。

图Ⅱ.4.4.7 煎牛柳配干葱汁的成品

8. 操作要点

醒肉，能够让牛柳的肉质更加柔软，味道更佳。即将肉悬挂在温度与湿度严格控制的房间中，这样一段时间后其香气更浓郁。

煎牛肉不能用小火长时间煎，那样的话，水分就散发尽了。要用高温煎，使牛肉表面的蛋白质以最快的速度形成结膜，让牛肉中最好的肉汁（很多国人以为那是血水，其实那是牛肉最美味的要素）锁在肉中不流失。

（五）煮鱼柳配奶油茴香汁

1. 食材①（图Ⅱ.4.5.1）

（1）**主料：** 净鱼柳 200 克。

（2）**辅料：** 土豆 50 克、西兰花 30 克、绿芦笋 20 克、手指胡萝卜 20 克、胡萝卜 10 克、洋葱 10 克、西芹 10 克、柠檬 10 克、食用花苗 10 克。

（3）**调料：** 盐和胡椒各 2 克、白葡萄酒 10 毫升。

图Ⅱ.4.5.1 煮鱼柳的食材

2. 食材②（图Ⅱ.4.5.2）

（1）**主料：** 球茎茴香 50 克、奶油沙司 300 毫升、洋葱末 8 克、蒜末 2 克。

（2）**调料：** 盐 2 克、白胡椒粉 2 克、黄油 5 克。

图Ⅱ.4.5.2　奶油茴香汁的食材

3. 食材准备①（图Ⅱ.4.5.3）

（1）手指胡萝卜去皮。

（2）芦笋去皮。

（3）土豆去皮修成橄榄形。

图Ⅱ.4.5.3 煮鱼柳的食材准备

注意事项

★芦笋去皮需要注意先把芦笋平放在桌子上，左手按住芦笋顶部，右手拿着刮皮器从根部开始削皮，很快就可以削好一根完整的芦笋了。这种方法容易操作而且不会伤到手，削的时候也不会让芦笋断掉。

4. 食材准备②（图Ⅱ.4.5.4）

（1）茴香切末。

（2）锅中烧热黄油，加入洋葱末、蒜末炒香。

图Ⅱ.4.5.4 奶油茴香汁的食材准备

5. 制作①（图Ⅱ.4.5.5）

（1）锅中烧水放入胡萝卜、洋葱、西芹、柠檬等，加盐、胡椒调味。

（2）待水开后放入鱼柳，喷入白葡萄酒，煮熟后捞出。

（3）绿芦笋、西兰花焯水后用黄油炒香。

图Ⅱ.4.5.5 煮鱼柳的制作

6. 制作②（图Ⅱ.4.5.6）

（1）炒香的洋葱末和蒜末中加入奶油沙司，煮沸。

（2）加入茴香末，煮沸后再略煮。

（3）用黄油调节稠度。

（4）用盐、白胡椒粉调味。

图Ⅱ.4.5.6 奶油茴香汁的制作

注意事项

★ 在煮鱼柳的时候应使用大锅子，目的是让鱼柳完整伸展以及受热，煮的时候不要去翻动鱼肉以防鱼肉破碎；另外必须等水烧开后再放鱼柳，然后调节到中小火，以防止水的沸腾翻滚浓缩鱼肉和造成破损。

7. 装盘（图Ⅱ.4.5.7）

（1）将奶油茴香汁浇在盘子中间。

（2）两块鱼柳交叠放在沙司上。

（3）摆放上蔬菜。

图Ⅱ.4.5.7 煮鱼柳配奶油茴香汁的成品

（六）意大利饭

1. 食材（图Ⅱ.4.6.1）

（1）**主料**：意大利圆米 80 克。

（2）**辅料**：洋葱末 20 克、黄节瓜 25 克、绿节瓜 25 克、番茄 25 克、蒜蓉 6 克、奶酪 15 克、高汤 150 毫升、新鲜罗勒叶 1 克、帕马森芝士 30 克。

（3）**调料**：盐 2.5 克、白胡椒粉 1 克、黄油 10 克、白葡萄酒 50 毫升、精制油 25 毫升。

图Ⅱ.4.6.1 意大利饭的食材

2. 食材准备（图 II .4.6.2）

节瓜、番茄切粒，节瓜炒熟备用。

图 II .4.6.2 意大利饭的食材准备

3. 制作（图 II .4.6.3）

（1）洋葱、蒜蓉炒香，加入意大利圆米、白葡萄酒、高汤（高汤刚好浸没米粒）烧煮。

（2）煮沸后用小火烧，边煮边搅拌，并不断加入高汤。煮至米饭 8 分熟，加入炒熟的黄绿节瓜。

图 II .4.6.3 意大利饭的制作

（3）放入番茄丁用盐和胡椒调味，同时加入帕马森芝士、黄油搅拌，至芝士融化后装盘（约 15 分钟）。

（4）炸熟罗勒叶。

🎯 注意事项

★ 在烹制的时候，必须不停地搅拌，以防粘底。

4. 装盘（图Ⅱ.4.6.4）

将煮好的米饭装入盘中，用炸罗勒叶装饰。

图Ⅱ.4.6.4 意大利饭的成品

（七）俄式炒牛肉丝

1. 食材（图Ⅱ.4.7.1）

（1）**主料：**牛腿肉 200 克。

（2）**辅料：**红甜椒 20 克、青甜椒 20 克、黄甜椒 20 克、番茄 20 克、熟米饭 80 克、布朗沙司 100 毫升、酸黄瓜 8 克、酸奶油 30 克、玉兰菜 10 克、蘑菇 10 克。

（3）**调料：**盐和胡椒各 2 克、红葡萄酒 10 毫升、红甜椒粉 10 克。

图Ⅱ.4.7.1 俄式炒牛肉丝的食材

2. 食材准备（图Ⅱ.4.7.2）

（1）将牛腿肉去筋切丝。

（2）红黄青甜椒切丝。

（3）番茄、酸黄瓜切丝，蘑菇切片。

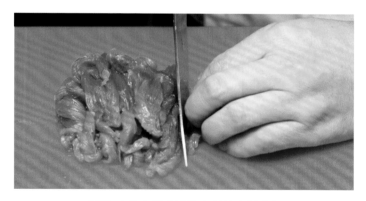

图Ⅱ.4.7.2 俄式炒牛肉丝的食材准备

◎ **注意事项**

★牛肉切丝应该逆丝切，这样炒出来的牛肉丝不会老得咬不动。如果想要切起来更加方便可以将牛肉冷冻一下，但不要冻得太硬，将冻好的牛肉先切片而后再切丝。

3. 制作（图Ⅱ.4.7.3）

（1）将油锅烧热炒牛肉丝，待牛肉丝颜色发白喷入红葡萄酒，随后加入蘑菇片和青红黄椒丝。

（2）快要起锅时加入番茄丝和酸黄瓜丝。

（3）炒香米饭。

图Ⅱ.4.7.3 俄式炒牛肉丝的加热制作

注意事项

★ 在炒牛肉丝的时候一定要将锅子烧热，否则会导致粘锅的现象。烧热锅子还能够最大程度释放牛肉的香气。

4. 装盘（图Ⅱ.4.7.4）

（1）将炒好的牛肉丝装于盘中。

（2）将米饭放于牛肉丝旁。

（3）在牛肉丝上浇上一勺酸奶油，点缀一片玉兰菜。

图Ⅱ.4.7.4 俄式炒牛肉丝的成品

（八）芝士焗龙虾

1. 食材（图Ⅱ.4.8.1）

（1）**主料：**澳洲大龙虾 1 只。

（2）**辅料：**西兰花 20 克、红椒 20 克。

（3）**调料：**盐 2 克、黑胡椒碎 2 克、鸡粉 2 克、马苏里拉芝士 20 克、黄油 10 克、精制油适量、高清汤适量。

图Ⅱ.4.8.1 芝士焗龙虾的食材

2. 食材准备（图 II .4.8.2）

（1）将大龙虾清洗干净，用刀一破两半，挑去虾线，以盐、黑胡椒碎、腌渍备用。

（2）西兰花改刀。

（3）红椒切圈。

图 II .4.8.2 芝士焗龙虾的食材准备

3. 制作（图 II .4.8.3）

（1）取炒锅，下入精制油，待油温约 6 成热时，放入对切开的龙虾煎至 8 成熟，捞出控油，撒上马苏里拉芝士备用。

（2）龙虾放入烤盘，内里向上。

（3）将烤盘放入烤箱内，面火 250℃，底火 180℃，烤制约 4~5 分钟。

图 II .4.8.3 芝士焗龙虾的制作

注意事项

★ 通过使用不同的芝士粉可以形成不同的口感，也可以加上小蘑菇汁替代黑胡椒的口感。

4. 装盘（图 II .4.8.4）

（1）红椒圈垫在盘底。

（2）将烤好的龙虾放入盘内，淋上煎龙虾浓缩后的汁水。

（3）将焯水过的西兰花置于龙虾两侧。

图 II .4.8.4 芝士焗龙虾的成品

（九）海鲜串配红椒汁

1. 食材①（图 II .4.9.1）

（1）**主料：** 澳带 30 克、青口贝 45 克、虾仁 45 克。

（2）**辅料：** 红甜椒 50 克、青甜椒 50 克、洋葱 50 克、柠檬 20 克、西兰花 20 克、手指胡萝卜 20 克、意大利面 20 克。

（3）**调料：** 盐和胡椒各 2 克。

图Ⅱ.4.9.1 海鲜串的食材

2. 食材图②（图Ⅱ.4.9.2）

（1）主料：红甜椒 300 克。

（2）调料：奶油 20 毫升、黄油 20 克、盐 1 克、白胡椒粉 0.5 克、白葡萄酒 100 毫升。

图Ⅱ.4.9.2 红椒汁的食材

3. 食材准备①（图Ⅱ.4.9.3）

（1）青红椒、洋葱切片。

（2）海鲜腌渍后，用竹签和蔬菜一同串起来，颜色品种尽量隔开。

（3）将手指胡萝卜去皮。

（4）柠檬切角。

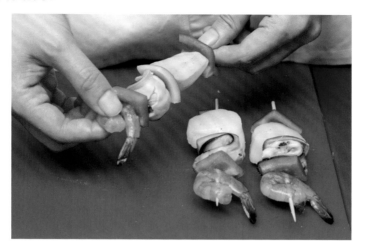

图 Ⅱ.4.9.3 海鲜串的食材准备

注意事项

★ 在串海鲜串的时候，蔬菜要切得和海鲜大小一样，不能太小。如果蔬菜片切得过小，串烤时易掉落，另外也不美观。

4. 食材准备②（图 Ⅱ.4.9.4）

红甜椒洗净，去表皮，切块。

图 Ⅱ.4.9.4 红椒汁的食材准备

> **注意事项**
>
> ★ 红甜椒直接用西餐刀去表皮非常困难。
>
> ★ 在西餐烹调中常会将整个红甜椒放在火上或烤箱中烤，当表皮变焦后，再放入冷水冲洗，这样就可以轻松地剥去表皮。
>
> ★ 也可以将整个红甜椒放入油锅中炸至表皮变皱，放入冷水中剥去表皮。但这个方法用油量多，一般不会使用。

5. 制作①（图Ⅱ.4.9.5）

（1）油锅烧热放入海鲜串，煎上色。

（2）蔬菜焯水后用黄油炒香。

（3）炒熟意大利面。

图Ⅱ.4.9.5 海鲜串的制作

> **注意事项**
>
> ★ 海鲜串煎上色后用烤箱烤熟，这样做是为了防止长时间在平底锅上煎发生食材掉落。在烤箱中能够更好地锁住食材水分。

6. 制作② (图Ⅱ.4.9.6)

（1）汤锅中加入红甜椒、白葡萄酒煮至红甜椒酥烂。

（2）放入粉碎机中粉碎，过滤。

（3）滤液放入汤锅中煮沸。

（4）加入奶油煮沸。

（5）用黄油调节稠度。

（6）用盐、白胡椒粉调味。

图Ⅱ.4.9.6 红椒汁的制作

注意事项

★ 红甜椒与白葡萄酒一起熬煮过程中是不加入任何液体的，这样出来的沙司不至于太稀，用少量黄油就可以增稠。

★ 为什么红甜椒去皮去不干净？说明烤的时间不够，或者没有均匀地烤。用喷火枪将局部地方再炙烤一下。

★ 为什么沙司不够细腻？说明过滤的网筛太粗，导致一些较粗颗粒未去除。可选择更细的网筛再次过滤。

7. 装盘 (图Ⅱ.4.9.7)

（1）将煎好的海鲜串交叠放在盘中。

（2）将意大利面卷好放在盘子左边。

（3）将蔬菜放在海鲜串旁边。

（4）最后在海鲜串和盘子周围淋上红椒汁并装饰柠檬角。

图Ⅱ.4.9.7 海鲜串的成品

8. 操作要点

海鲜比如鱼、虾、蟹、贝类都可以烤着吃，并且以虾和贝类口味最为好吃，但前提是原料要新鲜。

海鲜比较好入味，不用提前腌渍。

BBQ 烧烤酱在用法上，可一次性刷酱或多次刷酱。通常是将食材略烤后，再进行刷酱，然后继续烤制。如果不清楚酱料的咸淡，建议先少量烤一两串试试，试好了再批量烤。

（十）藏红花奶油汁烩海鲜

1. 食材（图Ⅱ.4.10.1）

（1）**主料：** 鲈鱼块 80 克、虾仁 30 克、澳带 30 克、带壳青口贝 50 克。

（2）**辅料：** 奶油沙司 70 克、淡奶油 20 毫升、洋葱 10 克、蒜泥 6 克、藏红花 2 克、莳萝 0.5 克、柠檬 10 克、土豆 20 克、罗勒 5 克。

（3）调料：盐和胡椒各 2 克、黄油 5 克。

图 II .4.10.1 藏红花奶油汁烩海鲜的食材

2. 食材准备（图 II .4.10.2）

（1）青口贝、澳带取肉，腌渍入味。

（2）土豆切丁。

（3）罗勒和莳萝切碎。

（4）洋葱、大蒜切末。

（5）藏红花放入水中，煮成藏红花汁。

图 II .4.10.2 藏红花奶油汁烩海鲜的食材准备

注意事项

★ 在清洗青口贝时，需要将贝中残留的海藻去除干净，将壳上的污泥用刷子刷干净。

3. 制作（图Ⅱ.4.10.3）

（1）将洋葱、大蒜炒香。

（2）放入所有海鲜喷上白葡萄酒。

（3）倒入奶油沙司淡奶油，加入藏红花汁与土豆丁煨煮，最后加入莳萝。

图Ⅱ.4.10.3 藏红花奶油汁烩海鲜的制作

4. 装盘（图Ⅱ.4.10.4）

（1）将烩海鲜装入盘中。

（2）配上柠檬和食用花。

5. 操作要点

清理青口贝最简便的方法就是用盐水或淘米水浸泡 2 ~ 3 小时，让它自然把里面的沙土及其他脏东西吐出来。

莳萝等香料应该在所有加热工序都结束后再投入，否则成品颜色会发黄。

图 II .4.10.4 藏红花奶油汁烩海鲜的成品

（十一）黄油鸡卷

1. 食材（图 II .4.11.1）

（1）**主料：**带骨鸡胸肉 150 克。

（2）**辅料：**百里香 10 克、黄油 20 克、土豆饼 50 克、面粉 50 克、鸡蛋 50 克、面包糠 50 克、手指胡萝卜 50 克、有机食用花苗 20 克、柠檬 25 克。

（3）**调料：**盐和胡椒各 2 克、白葡萄酒 20 毫升。

图 II .4.11.1 黄油鸡卷的食材

2. 食材准备（图Ⅱ.4.11.2）

（1）带骨鸡胸肉敲薄腌渍后，包裹入黄油"过三关"。

（2）手指胡萝卜去皮。

（3）柠檬修成柠檬角。

（4）清洗有机食用花苗。

图Ⅱ.4.11.2 黄油鸡卷的食材准备

注意事项

★ 包裹鸡肉卷首先注意要将鸡肉拍平，但不能拍破；其次要将黄油完全包裹入鸡肉卷中，不能有一点裸露在外面，否则会导致黄油泄漏。

3. 制作（图Ⅱ.4.11.3）

（1）将"过三关"的鸡肉卷放入炸炉里炸至全熟。

（2）将蔬菜焯水。

（3）平底锅烧热融化黄油，炒香胡萝卜。

（4）将薯饼炸至金黄。

图Ⅱ.4.11.3 黄油鸡卷的制作

注意事项

★鸡肉卷在炸的时候不能炸过头，或者令其表面破损，这样会导致黄油流出，影响成品口感与摆盘。

4. 装盘（图Ⅱ.4.11.4）

（1）将炸好的薯饼放入盘中。

图Ⅱ.4.11.4 黄油鸡卷的成品

（2）将炸好的鸡肉卷靠在土豆饼上。

（3）将炒好的胡萝卜放于鸡肉卷旁。

（4）在盘中装饰百里香和食用花苗。

5. 操作要点

制作鸡肉卷时，中心夹一些质地较硬的食材，更利于鸡肉的卷制成形。推荐夹卷一根大葱进去，除了便于成形，还能够增香、提鲜。

如果卷制好的肉卷在加热后发生散形、皮肉松塌的情况，多半是因为前期整形不到位，如肉块厚薄不一、夹杂筋条、肉皮紧绷等。所以卷制之前就要解决好这些问题，将鸡肉块厚度修整均匀，挑断鸡筋，在鸡皮上扎小孔。

（十二）意式焗鳕鱼

1. 食材（图 II .4.12.1）

（1）**主料：** 冰鲜鳕鱼 180 克。

（2）**辅料：** 洋葱 1 只、柠檬 20 克、马苏里拉芝士 150 克、食用花少许。

（3）**调料：** 盐 2 克、黑胡椒粉 2 克、黄油 20 克、绿咖喱酱 20 克、椰浆 80 毫升、白兰地 10 毫升、面粉适量。

图 II .4.12.1 意式焗鳕鱼的食材

2. 食材准备（图Ⅱ.4.12.2）

（1）鳕鱼切块，加柠檬汁、白兰地、盐、胡椒腌渍后，拍上面粉。

（2）洋葱切块。

图Ⅱ.4.12.2 意式焗鳕鱼的食材准备

注意事项

★ 白兰地与柠檬、胡椒粉，能很好地去腥，同时风味独特。

3. 制作（图Ⅱ.4.12.3）

（1）将鳕鱼两面煎黄。

图Ⅱ.4.12.3 意式焗鳕鱼的制作

（2）炒香洋葱，加入绿咖喱酱，淋上椰汁，并用盐、胡椒调味。

（3）煎好的鳕鱼装入焗碗，加入炒好的洋葱，放上芝士丝。

（4）将装有鳕鱼的焗碗放入200℃烤箱烤至芝士融化上色。

注意事项

★ 腌渍好的鳕鱼，要用厨房纸吸干水分后再油煎，这样能很好地锁住水分。

★ 芝士烤制的时间过长会影响拉丝效果，所以一半芝士可以最后再放。

4. 装盘（图Ⅱ.4.12.4）

将焗好的鳕鱼从烤盘中取出。

图Ⅱ.4.12.4 意式焗鳕鱼的成品

（十三）低温三文鱼配奶油龙虾汁

1. 食材准备①（图Ⅱ.4.13.1）

（1）**主料：**三文鱼150克、柠檬1只、莳萝1株、白芦笋20克、芦笋20克、小圆萝卜10克、草菇10克。

（2）**辅料：**打发鲜奶油30克。

（3）**调料：**橄榄油15毫升、澄清黄油20毫升，盐、胡椒适量。

图Ⅱ .4.13.1 低温三文鱼的食材

2. **食材准备②（图Ⅱ .4.13.2）**

（1）**主料：** 烤过龙虾壳 80 克、白兰地酒 2 大匙、牛奶 1/2 杯、鱼高汤 4 杯、面粉 30 克、黄油 30 克。

（2）**调料：** 盐、胡椒粉各 2 克。

图Ⅱ .4.13.2 奶油龙虾汁的食材准备

3. **食材准备①（图Ⅱ .4.13.3）**

（1）三文鱼去皮、去骨改刀成形，用盐、胡椒腌渍 30 分钟。

（2）小圆萝卜、草菇、白芦笋、芦笋改刀成形。

图Ⅱ.4.13.3 低温三文鱼的食材准备

4. 食材准备②（图Ⅱ.4.13.4）

（1）高汤加入烤过的龙虾壳煨煮，制成龙虾汤。

（2）黄油炒面粉，制成油面酱。

图Ⅱ.4.13.4 奶油龙虾汁的食材准备

5. 制作①（图Ⅱ.4.13.5）

（1）橄榄油中放入莳萝加热到53℃，保持油温不变。

（2）将腌渍好的三文鱼放入加热的橄榄油中浸25分钟。

（3）芦笋、白芦笋、草菇、小圆萝卜焯水后炒熟并调味。

图 II .4.13.5 低温三文鱼的制作

◎ 注意事项

★ 在烹制三文鱼的过程中，需要严格控制温度。

6. 制作② (图 II .4.13.6)

龙虾汤过滤后，加入牛奶，打入油面酱调至合适稠度并调味。

图 II .4.13.6 奶油龙虾汁的制作

7. 装盘（图Ⅱ.4.13.7）

（1）做好的奶油龙虾汁汤汁在盘中垫底。

（2）放上低温油浸的三文鱼，配打发鲜奶油与蔬菜一同装盘，点缀食用花。

图Ⅱ.4.13.7 低温三文鱼配奶油龙虾汁的成品

（十四）奶油烩鸡

1. 食材（图Ⅱ.4.14.1）

（1）**主料：** 奶油沙司 60 克、鸡腿 150 克、蒜瓣 5 克、蘑菇 80 克、洋葱 50 克、青椒 20 克、红椒 20 克。

（2）**调料：** 白葡萄酒 20 毫升，盐、胡椒各 2 克。

图Ⅱ.4.14.1 奶油烩鸡的食材

2. 食材准备（图Ⅱ.4.14.2）

（1）鸡腿一切为二。

（2）蘑菇、洋葱、青红椒切块，蒜瓣切片。

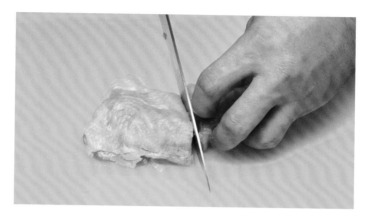

图Ⅱ.4.14.2 奶油烩鸡的食材准备

3. 制作（图Ⅱ.4.14.3）

（1）鸡块两面煎上色后，依次放入蒜瓣、蘑菇、洋葱、青红椒翻炒。

（2）用盐、胡椒调味后，喷入白葡萄酒。

（3）倒入奶油沙司，将鸡腿煨煮入味。

图Ⅱ.4.14.3 奶油烩鸡的制作

4. 装盘（图Ⅱ.4.14.4）

烩好的菜肴装入盘中，饰以食用花。

图Ⅱ.4.14.4 奶油烩鸡的成品

（十五）火腿奶酪猪排

1. 食材（图Ⅱ.4.15.1）

（1）**主料：**猪三号肉 150 克。

（2）**辅料：**奶酪片 30 克、方腿（西式火腿）30 克、鸡蛋 50 克、面包糠 50 克、面粉 50 克、百里香 10 克、番茄沙司 50 克、有机食用花苗 10 克、黄节瓜 30 克、

图Ⅱ.4.15.1 火腿奶酪猪排的食材

绿节瓜 30 克、手指胡萝卜 20 克。

（3）调料：盐和胡椒各 2 克、精制油 50 毫升。

2. 食材准备（图 II .4.15.2）

（1）将猪排在中间切开但不切断，敲薄后用盐、胡椒腌渍。

（2）将猪排摊开依次放入奶酪、方腿后，严密包裹，"过三关"。

（3）将手指胡萝卜去皮、节瓜改刀切片。

图 II .4.15.2 火腿奶酪猪排的食材准备

注意事项

★ 猪排在剖的时候平均分，切到最后不要切断，可以采用平刀推拉切的方式推拉，将猪排平均分割成两片相连的肉片，不能切断、切破。

3. 制作（图 II .4.15.3）

（1）将"过三关"的猪排炸至全熟。

（2）手指胡萝卜焯水。

（3）煎香节瓜、手指胡萝卜和百里香。

图 II .4.15.3 火腿奶酪猪排的制作

注意事项

★ 节瓜不用焯水后炒，否则会导致其煮烂，成形不美观。

4. 装盘（图 II .4.15.4）

（1）将猪排切成三份置于盘中。

（2）猪排周围摆放上蔬菜。

（3）沙司抹在盘子周围。

（4）最后在猪排上点缀有机食用花苗。

5. 操作要点

在猪排炸到颜色快要变成金黄色时，把火开大让油温升高，这样就能把肉里的油逼出，约 30 秒后起锅捞出。

食材准备时，两片猪排合起来一定要用点力，把外围一圈压紧压密，否则炸的时候就容易散开。

图 II .4.15.4 火腿奶酪猪排的成品